Stefan E. Schmidt

Grundlegungen zu einer allgemeinen affinen Geometrie

Birkhäuser Verlag
Basel · Boston · Berlin

Adresse des Autors:

PD Dr. Stefan E. Schmidt
Fachbereich Mathematik
Johannes Gutenberg-Universität
Saarstrasse 21
D-55099 Mainz

Die Deutsche Bibliothek - CIP - Einheitsaufnahme

Schmidt, Stefan E.:
Grundlegungen zu einer allgemeinen affinen Geometrie /
Stefan E. Schmidt. - Basel ; Boston ; Berlin : Birkhäuser, 1995
Zugl.: Mainz, Univ., Habil.-Schr., 1992

ISBN-13: 978-3-7643-5171-7 e-ISBN-13: 978-3-0348-9233-9
DOI: 10.1007/978-3-0348-9233-9

Gedruckt auf säurefreiem Papier, hergestellt aus chlorfrei gebleichtem Zellstoff
Umschlaggestaltung: Markus Etterich, Basel

9 8 7 6 5 4 3 2 1

Inhaltsverzeichnis

Vorwort

Die vorliegende Abhandlung stellt eine breite axiomatische Grundlage für das synthetische Studium affiner Strukturen bereit. Dabei werden sowohl geometrische Aspekte der Algebra (z.B. von Gruppen und insbesondere von Moduln) als auch konzeptuelle Fragen der darstellenden Geometrie einbezogen. Ein Anliegen des Autors ist es, unterschiedliche affin–geometrische Zugänge, welche in den letzten 50 Jahren zum Teil unabhängig voneinander entwickelt wurden, zueinander in Beziehung zu setzen und mögliche Wechselwirkungen aufzuzeigen. Ohne Anspruch auf Vollständigkeit zu erheben, eröffnen die entworfenen *Grundlegungen zu einer allgemeinen affinen Geometrie* die Möglichkeit einer vereinheitlichten Diskussion auf diesem Gebiet.

Der erste Teil des zweiteiligen Buchtextes ist dieser breiter angelegten Diskussion gewidmet. Hierzu werden allgemeine Konzepte zur affinen Geometrie entwickelt und in verschiedenen Darstellungsformen (so zum Beispiel als Punkt–Linien–Strukturen, Systeme von Äquivalenzrelationen oder Verbände) betrachtet. Im zweiten Teil wird die Darstellung affiner Räume durch Moduln behandelt. Anregungen ergaben sich hierzu hauptsächlich aus K. Faltings Arbeit über *Modulare Verbände mit Punktsystem* aus dem Jahre 1975 sowie aus gemeinsamen Arbeiten mit meinem Schüler M. Greferath zur *projektiven Verbandsgeometrie*.

Das reichhaltige Literaturverzeichnis spiegelt die Vielfalt der untersuchten affinen (und projektiven) Strukturen wider. Hier kann der interessierte Leser manches vertiefen, was im Rahmen des Buches keinen Platz gefunden hat.

Es ist noch zu ergänzen, daß dies Buch aus der Habilitationsschrift des Autors aus dem Jahr 1992 entstanden ist. Die Habilitationsschrift wurde zur Veröffentlichung aufbereitet, auch in der Hoffnung, einen breiteren Leserkreis für dieses facettenreiche Gebiet anzusprechen.

Mein Dank gilt meinen Lehrern und Mentoren Walter Benz, Paul Moritz Cohn, Armin Herzer, Daniel Hughes, Eberhard Schröder und Rudolf Wille. Da diese Abhandlung, wie schon angedeutet, in starkem Maße durch Kai Faltings inspiriert wurde, sei sie ihm zugeeignet.

Vorgeschichte

Von den Anfängen bis zur axiomatischen Beschreibung affiner Räume durch H. Lenz

Als erstes grundlegendes Werk, in welchem *geometrische Sachverhalte in ihren logischen Zusammenhängen* eingehend beschrieben werden, muß man die *Elemente des Euklid* (um 300 v. Chr.) ansehen. Vorgestellt werden dort u.a. einfachste geometrische Objekte wie Punkte und gerade Linien; die Eigenschaft, daß in der euklidischen Ebene zu jeder geraden Linie g und zu jedem Punkt p genau eine zu g parallele Linie existiert, welche durch p verläuft, ist bereits sinngemäß bei Euklid festgehalten. Sie findet später als *Euklidisches Parallelenpostulat* Eingang in die Literatur.

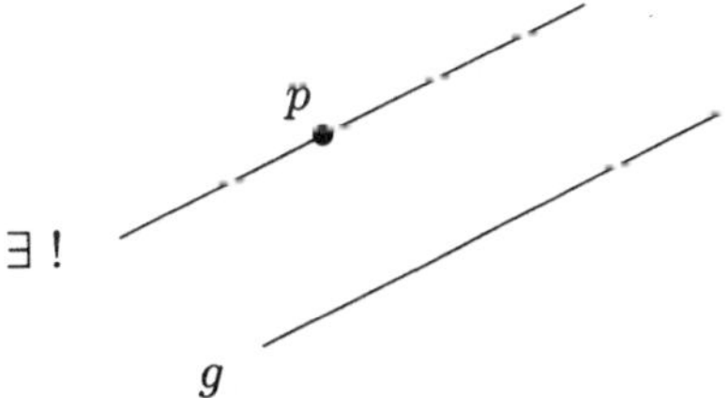

Euklidisches Parallelenpostulat

Die Frage der Beweisbarkeit dieses Postulates führt im 19. Jahrhundert schließlich zur Entdeckung der hyperbolischen Geometrie. Im Gegensatz zur hyperbolischen Geometrie allerdings bleibt das euklidische Parallelenpostulat selbst in sehr weitreichenden Verallgemeinerungen einer *affinen Geometrie* noch gültig. (Dies ist auch in der vorliegenden Abhandlung der Fall.) Eine analytische Begründung der affinen Geometrie, d.h. der (Inzidenz–)Geometrie des Anschauungsraumes, geht auf R. Descartes im 17. Jahrhundert zurück, während sich ihre synthetische Bedeutung zusehens in der *konstruktiven Geometrie* des 18. und 19. Jahrhunderts (u.a. im Konzept der Parallelprojektion) zeigt. Ein strenger axiomatischer Aufbau der euklidischen Geometrie der Zeichenebene wird Ende des 19. Jahrhunderts thematisiert und von D. Hilbert in seinen *Grundlagen der Geometrie* [Hilb 1899] verwirklicht. Aus der von Hilbert eingeführten Streckenrechnung leitet sich unter Voraussetzung des *Satzes von Desargues* implizit bereits ein Darstellungssatz für affine Ebenen ab, der besagt, daß die desarguesschen affinen Ebenen genau die durch Schiefkörper induzierten affinen Ebenen sind.

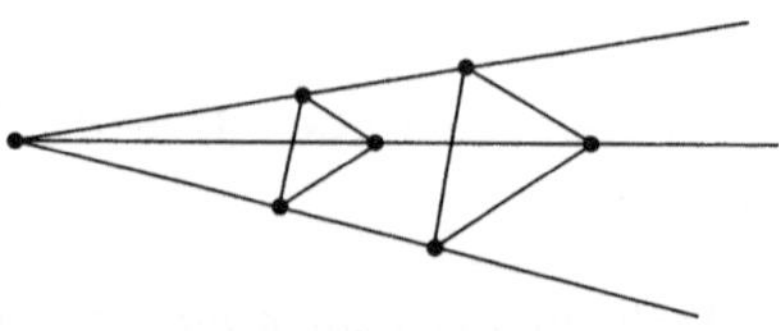

Desargues–Konfiguration

Höherdimensionale affine Räume werden in der ersten Hälfte dieses Jahrhunderts ausschließlich analytisch oder als *Spurgeometrien projektiver Räume* (bzgl. einer ausgezeichneten *Fernhyperebene*) betrachtet. Eine interne Kennzeichnung *affiner Räume* gelingt erst H. Lenz in den fünfziger Jahren (vgl. [Lenz 54]). In seinem Konzept benötigt Lenz an entscheidender Stelle zwei Axiome (das *Trapezaxiom*, auch *Lenzaxiom* genannt, und das *Parallelogrammaxiom*), die später von O. Tamaschke zu einem, dem *Dreiecksaxiom*, zusammengefaßt werden (vgl. [Tam 72]). Letzteres ist in unserem Zusammenhang von wesentlicher Bedeutung, da erst das Dreiecksaxiom eine natürliche Verallgemeinerung affiner Räume erlaubt.

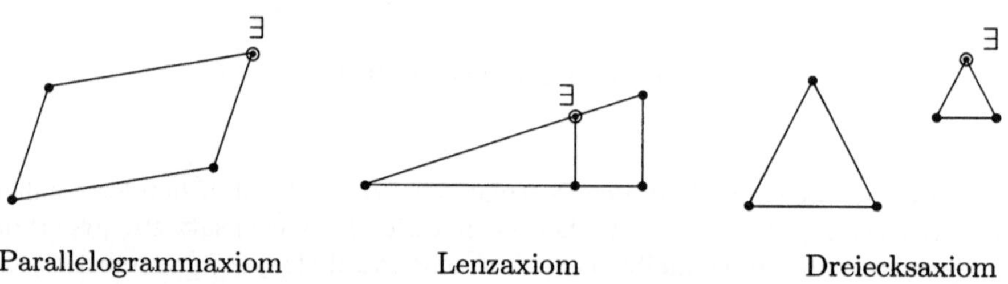

Parallelogrammaxiom Lenzaxiom Dreiecksaxiom

Zur algebraischen Darstellung affiner Räume (Ebenen) sei noch angemerkt, daß sich neben der koordinatenabhängigen Hilbertschen Streckenrechnung (deren Modifikation eine Beschreibung beliebiger affiner bzw. projektiver Ebenen durch Ternärkörper erlaubt, vgl. [Hall 43], [Bruck 55] und [Blum 61]) eine weitere, koordinatenfreie Methode etabliert hat. Diese Methode ist im Prinzip schon bei M. Dehn in [Pasch 26], F. W. Schwan in [Hesse 30] und im ebenen Fall besonders elegant bei E. Artin in [Artin 40] zu finden: Die Translationen, d.h. Verschiebungen, eines (desarguesschen) affinen Raumes bilden eine abelsche Gruppe, und die Streckungen des Raumes in einem festen Punkt geben dieser Gruppe eine Vektorraumstruktur. Der zum konstruierten Vektorraum gehörige affine Raum erweist sich dann als kanonisch isomorph zum Ausgangsraum. Im vorliegenden Text wird dieser zweite Weg zur algebraischen Darstellung allgemeiner affiner Räume beschritten. (Anstelle eines Vektorraums wird dabei gemäß der konzeptuell veränderten Situation ein unitärer Modul konstruiert.)

Darstellende Geometrie im Rahmen einer Geometrie über Ringen

Schon um die Jahrhundertwende zeigt sich das Bestreben von Geometern wie J. Petersen (der sich später J. Hjelmslev nennt, vgl. [Peter 1898]), E. Study (vgl. [Stu 03]), J. Grünwald (vgl. [Grün 06]) und C. Segre (vgl. [Segre 11]) bis hin zu F. Klein (vgl. [Klein 26]), geometrische Betrachtungen auf den Ring $\mathbb{R}[\epsilon]$, $\epsilon^2 = 0$, der *dualen Zahlen* auszuweiten. In einer Reihe von Vorträgen und Diskussionsbeiträgen (vgl. [Hjelm 22] und [Hjelm 29–49]) versucht insbesondere der Geometer J. Hjelmslev, eine *Begründung der darstellenden Geometrie* zu erreichen, die beispielsweise dem *Phänomen des schleifenden Schnittes* und *Grenzen der Meßgenauigkeit* Rechnung trägt und dabei nahezu zwangsläufig auf den dualen Zahlen als Koordinaten– bzw. Meßbereich fußt.

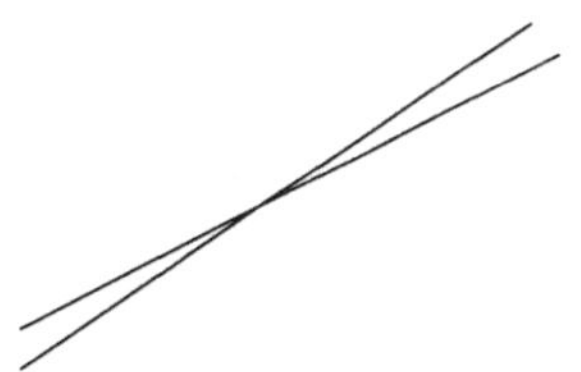

Phänomen des schleifenden Schnittes

Schleifende Schnitte treten andererseits auch in einer *Geometrie im Großen* auf, wenn man von einer euklidischen Geometrie als einer *Geometrie im Kleinen* ausgeht und von dort "entfernte Punkte" bestimmen möchte. Geometrisch bedeutsam ist hierbei, daß diese Einbettung der euklidischen Geometrie (in die affine Geometrie über den dualen Zahlen) zur Folge hat, daß zwei "benachbarte Punkte" zwar im Kleinen stets auf einer eindeutigen Verbindungsgeraden liegen, eine solche "kurze Gerade" selbst jedoch in einer Vielzahl von "langen Geraden" im Großen enthalten ist. Das Prinzip einer *eindeutigen Verbindungsgeraden* ist hier also zu ersetzen durch das (von einer Streckengeometrie durchaus bekannte) allgemeinere Prinzip einer *kleinsten Verbindungsgeraden* zweier Punkte. Eine affine Geometrie, die unterschiedliche *Größenordnungen* konzeptuell berücksichtigt, führt also in naheliegender Weise zu einer affinen Geometrie über Ringen.

An dieser Stelle sei folgende Abgrenzung vorgenommen: Ziel des Buches ist es, eine axiomatische affine Geometrie zu entwerfen, in der – aus den eben angedeuteten Gründen – an der Verbindbarkeit beliebiger Punktepaare festgehalten wird. Ein hiervon abweichender Zugang einer projektiven bzw. affinen Geometrie über Ringen wird von einer Reihe von Autoren thematisiert; wesentlicher Unterschied zum hiesigen Ansatz ist, daß dort die Verbindbarkeit von Punkten ausschließlich für "distante" (d.h. "nicht benachbarte") Punkte postuliert wird. Einen Überblick (inklusive einer Vereinheitlichung) dieser "partiellen" Geometrien gibt F. D. Veldkamp in [Veld 95].

Geometrie und Verbände

Der ordnungstheoretische Aspekt von Unterräumen in der projektiven und affinen Geometrie führt K. Menger vor und während der dreißiger Jahre dieses Jahrhunderts zum Entwurf einer *Algebra der Geometrie* (vgl. [Meng 28] und [Meng 36]). In diese Zeit fällt auch die Entwicklung der *Verbandstheorie* durch G. Birkhoff, in welcher aus geometrischer Sicht der *Kalkül des Verbindens und Schneidens* (wie schon bei Menger geschehen) formalisiert ist (vgl. [Birk 35] und [Birk 48]).

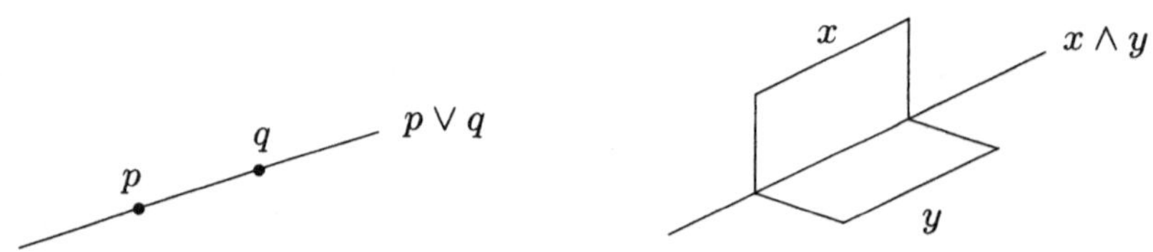

Kalkül des Verbindens und Schneidens

Projektive Räume haben eine Charakterisierung (ihrer Unterräume) als modulare algebraische Verbände, die atomistisch und irreduzibel sind. Im Darstellungssatz der projektiven Geometrie werden letztere (im räumlichen Fall) als Unterraumverbände von Vektorräumen gekennzeichnet. Im Zuge axiomatischer Untersuchungen der Quantenmechanik gelingt J. von Neumann ebenfalls in den dreißiger Jahren eine Beschreibung komplementierter modularer Verbände (von Ordnung ≥ 4) durch reguläre Ringe (vgl. [vNeu 60]). Seit dieser Zeit befassen sich eine Reihe von Autoren mit modularen Verbänden im Hinblick auf eine projektive Geometrie über Moduln. (Angestrebt werden insbesondere ordnungstheoretische Kennzeichnungen der Untermodulverbände von unitären Moduln über assoziativen Ringen, vgl. hierzu den Übersichtsartikel [BrGrSch 95].)

Eine verbandstheoretische Fassung der affinen Geometrie erhält in den dreißiger Jahren Impulse durch die Entstehung der *Matroidtheorie* (welche unmittelbar mit *Austauschgeometrien* zusammenhängt). Eine allgemeine verbandstheoretische Charakterisierung affiner Geometrien (von Dimension ≥ 3) gibt Sasaki in [Sasa 53], noch bevor der affine Raum als Punkt–Geraden–Struktur von H. Lenz 1954 eine innere Kennzeichnung erfährt. Eine Weiterentwicklung dieser Forschungsrichtung führen F. und S. Maeda zu eingehenden Untersuchungen von *symmetrischen Verbänden* (welche sowohl die *matroidalen Verbände* als auch die Verbände abgeschlossener Unterräume von Hilberträumen als wichtige Unterklassen umfassen, vgl. [MaMa 70]).

Hervorzuheben ist an dieser Stelle auch die wesentliche konzeptuelle Erweiterung, welche R. Wille in [Wille 70] anstrebt, indem er Strukturen der universellen Algebra affin–geometrisch zugänglich macht: Eine Algebra besteht bekanntlich aus einer Grundmenge, auf der eine Menge (bzw. Familie) endlichstelliger Operationen ausgezeichnet ist. Eine besondere Rolle spielen die mit den Algebraoperationen verträglichen Äquivalenzrelationen, die sogenannten *Kongruenzrelationen*. (Beispielsweise entsprechen in einer Gruppe die Kongruenzrelationen genau den Normalteilern.) Wille betrachtet nun zu einer Algebra den *Verband ihrer sämtlichen Kongruenzklassen* (erweitert um die leere Menge) *mit zugehörigem schwachem Parallelismus* und führt hierfür die Bezeichnung *Kongruenzklassengeometrie* ein. Ein derart allgemein gehaltener Ansatz ist von unserer Warte aus allerdings nicht ganz unproblematisch. (So können gegebenenfalls verschiedene Kongruenzrelationen eine gemeinsame Kongruenzklasse besitzen, d.h. Parallelität ist auf der Menge der Kongruenzklassen einer Algebra nicht notwendig eine Äquivalenzrelation.) An entsprechender Stelle haben wir uns daher auf sogenannte *π–Verbände* (d.h. atomistische Verbände mit Parallelismus) beschränkt; diese korrespondieren im Rahmen der universellen Algebra mit Kongruenzklassengeometrien regulärer Algebren.

Affine Geometrien und Äquivalenzrelationen

Der bereits angesprochenen Bedeutung von Äquivalenzrelationen für eine affine Geometrie im Rahmen der universellen Algebra liegt ein einfacher geometrischer Sachverhalt zugrunde: Im affinen Raum bildet jede Parallelschar eine Partition der Punkte des Raumes und liefert somit eine Äquivalenzrelation auf der Punktmenge. Der affine Raum läßt sich daher ausschließlich durch Äquivalenzrelationen beschreiben; eine diesbezügliche innere Kennzeichnung klassischer affiner Räume (d.h. affiner Räume im Lenzschen Sinne) durch sogenannte *2-stellige affine Relative* findet sich in [Arnold 87]. Gegenstand unserer Abhandlung ist u.a. die Frage, ob sich sogar *affine Liniensysteme* (d.h. gewisse Punkt–Linien–Strukturen mit Parallelismus, die einer verallgemeinerten Fassung des bereits genannten Dreiecksaxioms genügen) durch Äquivalenzrelationen charakterisieren lassen. Maßgeblich für eine Klärung dieser Frage waren Untersuchungen in [Baer 63] und darauf aufbauend in [Arnold 71b]:

Zur Konstruktion affiner Räume (insbesondere nichtdesarguesscher Translationsebenen) werden von R. Baer *geometrische Partitionen abelscher Gruppen* betrachtet (vgl. [Baer 63]). Unter einer geometrischen Partition versteht man eine Familie gewisser Untergruppen (einer abelschen Gruppe), welche sich paarweise nur im neutralen Element der Gruppe schneiden und deren Vereinigung die gesamte Gruppe bildet. Eine Ausweitung dieses Begriffs auf allgemeine affine Punkt–Linien–Strukturen geht auf H.-J. Arnold in [Arnold 71b] zurück, wo er sogenannte *(distributive) vektorielle Gruppen* untersucht; diese entsprechen im hiesigen Text den *(affin–)linearen Untergruppenbüscheln*. Diese Untergruppenbüschel stehen in eineindeutiger Beziehung zu den affinen Liniensystemen mit transitiver Translationsgruppe. Eine äquivalenzrelationentheoretische Erweiterung des Begriffs affin–linearer Untergruppenbüschel, welche an der Definition 2–stelliger affiner Relative orientiert ist, führt zu *affin–linearen Äquivalenzrelationenbüscheln*. Es erweist sich nun, daß diese genau den affinen Liniensystemen entsprechen.

Klassische affine Räume haben mittels ihrer Unterraumverbände (mit fortgesetztem Parallelismus) eine natürliche Vervollständigung. Diese läßt sich auch auf affine Liniensysteme übertragen und führt zu *affinen Verbänden* (bzw. *affinen Hüllensystemen*). Analog haben affin–lineare Untergruppenbüschel eine Fortsetzung zu *affin–vollständigen Untergruppenbüscheln* (d.h. zu vollständigen Unterverbänden paarweise kommutierender Untergruppen einer Gruppe). Von entsprechender Bedeutung sind *affin–vollständige Äquivalenzrelationenbüschel* (d.h. spezielle vollständige Unterverbände paarweise kommutierender Relationen eines Äquivalenzrelationenverbandes) für affin–lineare Äquivalenzrelationenbüschel.

Festzuhalten ist an dieser Stelle, daß vollständige Unterverbände von Äquivalenzrelationen ebenfalls in der universellen Algebra in Form des *Kongruenzverbandes* (d.h. der Gesamtheit der Kongruenzrelationen) einer Algebra auftreten. Geometrisch gesehen sind Kongruenzverbände von zweierlei Interesse: Untersucht man die ordnungstheoretischen Aspekte eines Kongruenzverbandes (unter Auszeichnung seiner Hauptkongruenzen als projektiver Punkte), so ist dies das Anliegen einer sehr allgemeinen synthetischen projektiven Geometrie; untersucht man hingegen den Kongruenzverband als konkreten Verband von Äquivalenzrelationen, so befindet man sich im weitesten Sinn in einem affin–geometrischen Kontext. Im Fall einer regulären Algebra steht der Kongruenzverband als konkreter Verband in eineindeutiger Beziehung zur Willeschen Kongruenzklassengeometrie.

Geometrische Untersuchungen von Kongruenzverbänden (im Hinblick auf Varietäten von Algebren) sind unter anderem zu finden in [GräSch 63], [Schm 69], [Day 69], [Csák 70], [Csák 75], [FrJo 77], [FrMcK 87] und insbesondere auch in [Gumm 79], [Gumm 80] und [Gumm 83].

Zum Aufbau des Buches

Die vorliegende Abhandlung gliedert sich in zwei Hauptteile, wobei Teil II um einen Anhang erweitert ist.

Im ersten Teil wird der Aufbau einer *allgemeinen affinen Geometrie* (unter Verzicht auf einen Unabhängigkeitsbegriff) in seinen verschiedenen Zugängen beschrieben, während im zweiten Teil die *Unabhängigkeit von Punkten* axiomatisch einbezogen wird mit dem Ziel einer Darstellung affiner Räume durch Moduln. Der Anhang schließlich verweist auf Zusammenhänge zur *projektiven Verbandsgeometrie* (in Verbindung mit Arbeiten von K. Faltings [Falt 75] sowie A. Day und D. Pickering [DayPi 83]) und zu abweichenden affin–geometrischen Konzepten.

Bevor wir zum Aufbau des Textes im einzelnen kommen, machen wir eine vorbereitende Bemerkung: Inzidenzgeometrische Betrachtungen basieren häufig auf elementaren zweisortigen Strukturen aus *Punkten* und *Geraden* sowie einer Relation zwischen diesen, welche regelt, wann ein Punkt mit einer Geraden *inzidiert*, d.h. auf ihr liegt. Inzidieren insbesondere je zwei verschiedene Punkte mit genau einer Geraden und liegen auf jeder Geraden mindestens zwei Punkte, so heißt die zugrundeliegende Struktur ein *linearer Raum*. In diesem Fall läßt sich jede Gerade mit der Menge ihrer inzidenten Punkte identifizieren, und die Punkt–Geraden–Inzidenz ist durch die Elementrelation gegeben.

Am Anfang von Teil I des Buches werden in Verallgemeinerung linearer Räume *Liniensysteme* eingeführt; diese sind erklärt als zweisortige Punkt–Linien–Strukturen derart, daß jede Linie eine nichtleere Menge von Punkten ist und folgende Axiome gelten:

(L1) Zu je zwei verschiedenen Punkten p, q existiert eine bzgl. der Mengeninklusion kleinste Linie, welche p und q enthält (und mit $p \vee q$ bezeichnet wird).

(L2) Zu jedem Punkt p auf einer Linie l existiert ein von p verschiedener Punkt q mit $l = p \vee q$.

Das in [André 61] eingeführte Konzept eines *Parallelismus* auf linearen Räumen dehnen wir auf Liniensysteme aus (vgl. hierzu auch [Herz 79]): Auf der Linienmenge eines Liniensystems zeichnen wir eine binäre Relation $\parallel$ aus und sagen im Fall $k \parallel l$, daß k zu l *parallel* ist. Die Relation $\parallel$ ist ein *Parallelismus*, wenn sie eine Äquivalenzrelation bildet und nachstehenden Bedingungen genügt:

(LE) Zu jedem Punkt p und jeder Linie l existiert genau eine mit $\pi(p\,|\,l)$ bezeichnete Linie, welche p enthält und zu l parallel ist.

(LM) Ist eine Linie k in einer Linie l enthalten, so liegt auch $\pi(p\,|\,k)$ in $\pi(p\,|\,l)$ für jeden Punkt p.

Ein Parallelismus eines Liniensystems erfüllt also das *Euklidische Parallelenpostulat* ergänzt um ein natürliches *Monotonieaxiom*.

Für das Weitere ist es von Vorteil, in Liniensystemen einelementige Punktmengen gleichsam als "degenerierte Linien" mitzuberücksichtigen (so setzen wir $p \vee p := \{p\}$ und $\{p\} \parallel \{q\}$ für alle Punkte p, q). Ferner induziert jeder Parallelismus einen *Teilparallelismus*: Eine Linie k ist *teilparallel* zu einer Linie l, falls k in einer zu l parallelen Linie enthalten ist.

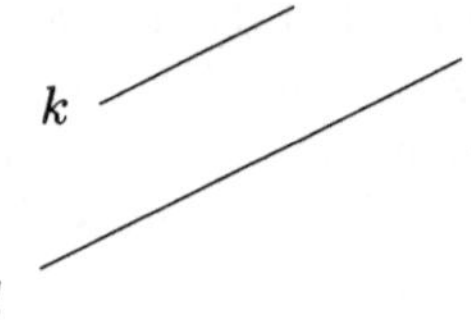

Zentraler Begriff einer allgemeinen affinen Geometrie ist nun der folgende: Ein *affines Liniensystem* ist definiert als Liniensystem mit Parallelismus, welches dem Dreiecksaxiom (Δ^{Δ}) genügt (vgl. Definition 1).

(Δ^{Δ}) Sind a, b, p, q Punkte derart, daß $a \vee b$ teilparallel zu $p \vee q$ ist, so haben $\pi(a \mid p \vee r)$ und $\pi(b \mid q \vee r)$ für jeden Punkt r mindestens einen Punkt gemeinsam.

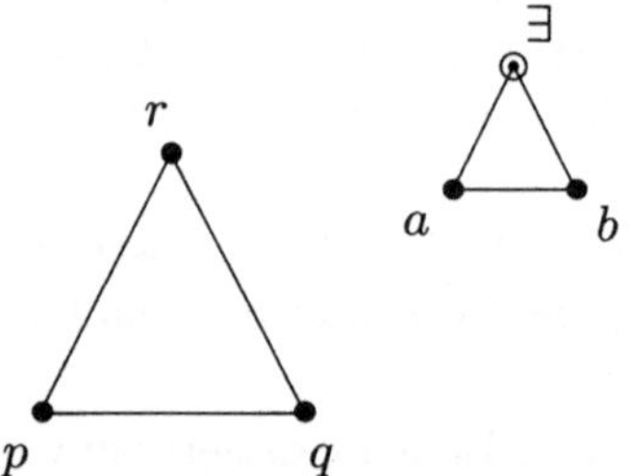

Wir merken an, daß die affinen Räume im Sinne von [Lenz 54] (bzw. [Tam 72]) genau diejenigen affinen Liniensysteme sind, welche von linearen Räumen herrühren. Überdies bilden die affinen Liniensysteme zusammen mit den *affinen Abbildungen* eine Kategorie. (Eine affine Abbildung ϕ überführt Punkte in Punkte, und wenn immer $p \vee q$ teilparallel zu $r \vee s$ ist, so auch $\phi(p) \vee \phi(q)$ zu $\phi(r) \vee \phi(s)$.) Die Isomorphismen dieser Kategorie sind die sogenannten *affinen Kollineationen* (beschrieben als Bijektionen zwischen den Punktmengen affiner Liniensysteme, welche Bijektionen zwischen den Linienmengen und den Parallelismen induzieren).

Unter den Abbildungen der Punktmenge eines affinen Liniensystems in sich sind neben den affinen Abbildungen die *Dilatationen* von geometrischer Relevanz.

(Letztere sind Zuordnungen δ, für die $\delta(p) \vee \delta(q)$ stets zu $p \vee q$ teilparallel ist.) Jede Dilatation ist eine *Streckung* (d.h. hat einen Fixpunkt) oder eine *Quasitranslation* (d.h. hat keinen Fixpunkt oder ist die Identität). Unter den Quasitranslationen sind die *Translationen* (d.h. Permutationen τ, für die sowohl $\tau(p) \vee \tau(q)$ zu $p \vee q$ als auch $p \vee \tau(p)$ zu $q \vee \tau(q)$ parallel ist) hervorzuheben. Im zweiten Teil des Buches wird die Bedeutung von Translationen und Streckungen beim Beweis eines Darstellungssatzes für affine Räume deutlich werden.

Zur Konstruktion affiner Liniensysteme betrachten wir (in Anlehnung an [Arnold 71b]) als Verallgemeinerung geometrischer Partitionen (vgl. [Baer 63]) sogenannte *affin–lineare Untergruppenbüschel*. Ein solches ist erklärt als Paar $(\mathtt{M}, \mathcal{B})$, bestehend aus einer (additiv geschriebenen) Gruppe $\mathtt{M} = (M, +, 0)$ und einem System $\mathcal{B}$ von Untergruppen von $\mathtt{M}$ mit folgenden Eigenschaften:

(1) Jedes $x \in M\backslash\{0\}$ liegt in einem bzgl. der Mengeninklusion kleinsten Vertreter aus $\mathcal{B}$, welcher mit ${}_{\mathcal{B}}\langle x \rangle$ bezeichnet wird.

(2) Jeder Vertreter aus $\mathcal{B}$ hat die Form ${}_{\mathcal{B}}\langle x \rangle$ für ein $x \in M\backslash\{0\}$.

(3) Für alle $x, y \in M\backslash\{0\}$ ist ${}_{\mathcal{B}}\langle x + y \rangle \subseteq {}_{\mathcal{B}}\langle x \rangle + {}_{\mathcal{B}}\langle y \rangle$.

Jedem affin–linearen Untergruppenbüschel $(\mathtt{M}, \mathcal{B})$ ist in kanonischer Weise ein affines Liniensystem mit Punktmenge M zugeordnet. (Die Linien sind von der Form $p + l$ mit $p \in M$ und $l \in \mathcal{B}$; ferner ist $p + l$ parallel zu $q + l$.) Darüberhinaus entsprechen die affin–linearen Untergruppenbüschel (bis auf Isomorphie) genau den affinen Liniensystemen mit punkttransitiver Gruppe von Quasitranslationen (vgl. Satz 1). Zu jeder Menge R von Endomorphismen einer Gruppe gehört ein affin–lineares Untergruppenbüschel (indem man jedem von Null verschiedenen Gruppenelement den kleinsten R-invarianten Normalteiler zuordnet, welcher das Element enthält; vgl. Beispiel 1). Hierdurch erhält man zahlreiche algebraisch induzierte affine Liniensysteme. Insbesondere liefert jeder Modul ein solches affines Liniensystem. (Dies wird uns später noch eingehend beschäftigen.)

In Paragraph 2 betrachten wir (in Verallgemeinerung affin–linearer Untergruppenbüschel einerseits und 2–stelliger affiner Relative (vgl. [Arnold 87]) andererseits) sogenannte *affin–lineare Äquivalenzrelationenbüschel*. Ein solches ist definiert als Paar $(P, \mathcal{B})$, bestehend aus einer Grundmenge P und einer Menge $\mathcal{B}$ von Äquivalenzrelationen auf P, für die gilt:

(1) Jedes $(p, q) \in P \times P$ mit $p \neq q$ liegt in einem bzgl. der Mengeninklusion kleinsten Vertreter aus $\mathcal{B}$, welcher mit $\Theta_{\mathcal{B}}(p, q)$ bezeichnet wird.

(2) Jeder Vertreter aus $\mathcal{B}$ hat die Form $\Theta_{\mathcal{B}}(p, q)$ für ein $(p, q) \in P \times P$ mit $p \neq q$.

(3) Für je drei paarweise verschiedene Elemente p, q, r aus P ist $\Theta_{\mathcal{B}}(p, q) \subseteq \Theta_{\mathcal{B}}(p, r) \circ \Theta_{\mathcal{B}}(r, q)$ (wobei "$\circ$" das Relationenprodukt bezeichnet).

Bemerkenswerterweise entsprechen die affin–linearen Äquivalenzrelationenbüschel genau den affinen Liniensystemen (vgl. Satz 2).

Die Paragraphen 3 und 4 enthalten zu den Paragraphen 1 und 2 analoge Untersuchungen für Verbände (bzw. Hüllensysteme). Ausgangspunkt sind *π-Verbände* (d.h. atomistische Verbände mit Parallelismus); vermöge ihres "kleinen projektiven Abschlusses" stehen diese (bis auf Isomorphie) in eineindeutiger Beziehung zu den sogenannten *P-Verbänden* (vgl. S. 35).

Ein *affiner Verband* ist ein algebraischer π-Verband, der folgenden Bedingungen genügt (vgl. Definition 2):

(AV1) Für Atome p, q, r existiert stets ein Atom s derart, daß $r \vee s$ parallel zu $p \vee q$ ist.

(AV2) Für Atome p, q, r und ein Element x mit $p \leq x$ und $r \leq q \vee x$ liegt auf $p \vee q$ und $\pi(r \mid x)$ stets ein gemeinsames Atom.

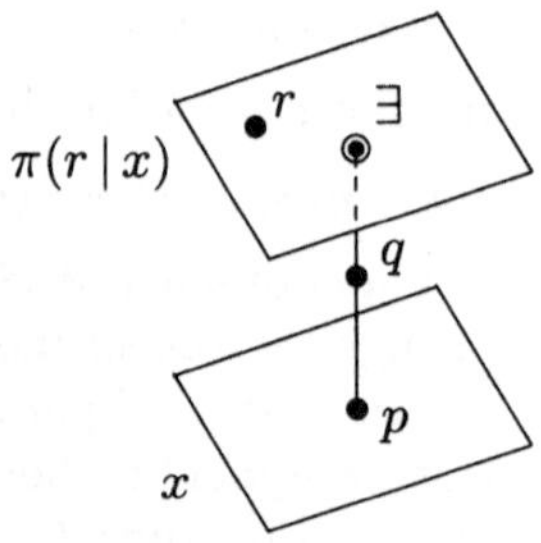

Affine Verbände lassen sich (vermöge der Entsprechung atomistischer Verbände und *einfacher Hüllensysteme*) auch als *affine Hüllensysteme* auffassen. An späterer Stelle läßt sich beweisen, daß für jedes affine Liniensystem die Gesamtheit seiner *affinen Linearmengen* (das sind Punktmengen, die mit p, q, r auch stets $\pi(p \mid q \vee r)$ enthalten) ein affines Hüllensystem bildet (wobei der Parallelismus adäquat fortgesetzt ist).

Als nächstes geben wir eine Beschreibung affiner Hüllensysteme durch Äquivalenzrelationen. Ein *affin-vollständiges Äquivalenzrelationenbüschel* ist ein Paar $(P, \mathcal{C})$, welches durch folgende Eigenschaften gekennzeichnet ist:

(1) $\mathcal{C}$ ist vollständiger Unterverband des Verbandes aller Äquivalenzrelationen auf der Menge P.

(2) $\mathcal{C}$ besteht aus paarweise vertauschenden Äquivalenzrelationen, d.h. es ist $\Phi \circ \Psi = \Psi \circ \Phi$ für alle $\Phi, \Psi \in \mathcal{C}$.

(3) $\mathcal{C}$ ist *2-homogen*, d.h. zu $p, q, r \in P$ existiert stets ein $s \in P$ derart, daß der kleinste Vertreter aus $\mathcal{C}$, der (p, q) enthält, zugleich der kleinste Vertreter aus $\mathcal{C}$ ist, der (r, s) enthält.

Es läßt sich nun zeigen, daß die affin-vollständigen Äquivalenzrelationenbüschel genau den affinen Hüllensystemen entsprechen (vgl. Satz 5). Beispiele affinvollständiger Äquivalenzrelationenbüschel sind durch vollständige Unterverbände der Kongruenzverbände von Gruppen gegeben.

Den Abschluß von Teil I bildet Paragraph 5. Hier gelingt uns der Nachweis, daß die affinen Hüllensysteme in eineindeutiger Beziehung zu den affinen Liniensystemen stehen (vgl. Satz 7).

Zusammenfassend deduzieren wir die Äquivalenz folgender Kategorien (vergleiche Resümee 1):

— affine Verbände

— affine Hüllensysteme

— affine Liniensysteme

— affin-lineare Äquivalenzrelationenbüschel

— affin-vollständige Äquivalenzrelationenbüschel.

Am Anfang von Teil II (d.h. in Paragraph 6) werden *affine Räume* eingeführt als affine Liniensysteme ergänzt um eine *Unabhängigkeitsrelation* (d.h. eine antireflexive, symmetrische binäre Relation zwischen Punkten, die die Axiome (U1) und (U2) erfüllt - vgl. Definition 3). Im *affinen Raum über einem Modul* sind zwei Punkte *unabhängig*, falls ihre Bilder unter jeder nichtkonstanten "algebraischen" Dilatation (d.h. einer Abbildung der Form $x \mapsto \lambda x + c$ mit $\lambda \neq 0$) verschieden bleiben. Der Unabhängigkeitsbegriff für Punktepaare erlaubt in affinen Räumen die *Unabhängigkeit* für beliebige Punktmengen zu definieren. Hieraus lassen sich dann auch Begriffe wie *Basis* und *Dimension* ableiten. Für affine Räume wird von *affinen Kollineationen* (und also insbesondere von *Translationen*) zusätzlich gefordert, daß sie unabhängige Punktepaare wieder in solche überführen.

Das Hauptresultat aus [Arnold 71b] läßt sich nun in unserem Kontext folgendermaßen formulieren: *Die affinen Räume mit unendlicher Basis und punkttransitiver Gruppe von Translationen sind genau diejenigen affinen Räume, welche von freien Moduln unendlichen Ranges herrühren.*

Ziel der folgenden Paragraphen wird es unter anderem sein, das Arnoldsche Resultat in einem rein inzidenzgeometrischen Zusammenhang (d.h. unter Verzicht auf eine punkttransitive Translationsgruppe) zu beweisen. Dabei werden implizit wesentliche Ideen aus K. Faltings Arbeit *Modulare Verbände mit Punktsystem* (vgl. [Falt 75]) einfließen.

In Paragraph 7 betrachten wir zu einem affinen Raum mit abelscher Translationsgruppe den *Kern* (d.h. den Ring aller spurinvarianten Endomorphismen der Translationsgruppe). Der Kern macht die Translationsgruppe zu einem Modul;

es wird angegeben, wann der affine Raum dieses Moduls isomorph zum Ausgangsraum ist (vgl. Kriterium 2 und 3). Die vorausgegangenen Überlegungen erlauben eine allgemeine Charakterisierung modulinduzierter affiner Liniensysteme als solche Liniensysteme mit Parallelismus, die eine punkttransitive, abelsche Translationsgruppe sowie eine damit verträgliche *maximal transitive* Menge von Streckungen in einem Punkt besitzen (vgl. Satz 8). In ähnlicher Weise erhält man Aussagen zur Darstellung affiner Räume durch Moduln (vgl. Satz 9 und Korollar 1).

Paragraph 8 stellt dann Reichhaltigkeitsbedingungen (A_n) und (B_n^m) bereit, mit Hilfe derer die zuvor in Korollar 1 erreichte Darstellungsaussage vereinfacht werden kann (vgl. Satz 10).

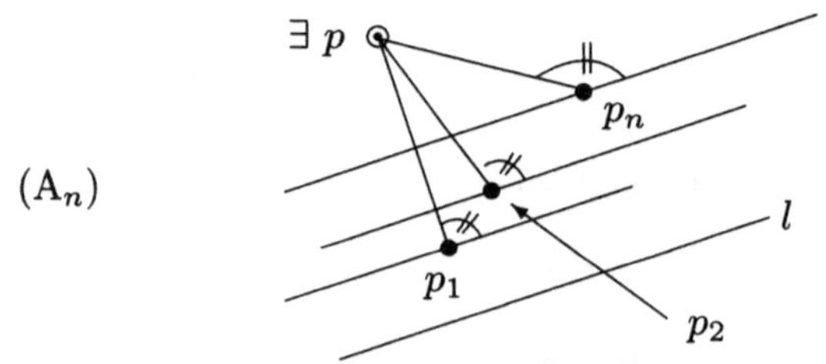

Die Bedingung (A_n) besagt, daß in einem affinen Liniensystem (mit mindestens einer Linie) zu je n Punkten $p_1, \ldots, p_n$ und jeder Linie l ein von $p_1, \ldots, p_n$ verschiedener Punkt p existiert, für den die Linien $p \vee p_1, \ldots p \vee p_n$ *aparallel* zu l sind (d.h. die Parallele zu l durch p nur im Punkt p treffen).

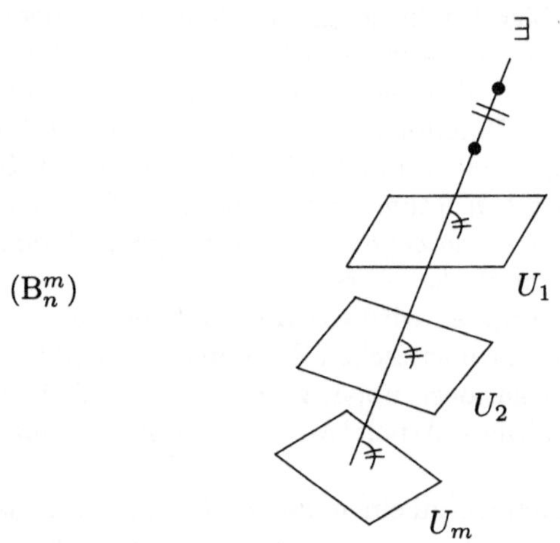

In der Bedingung (B_n^m) wird für einen (nichtleeren) affinen Raum gefordert, daß zu je m n-erzeugten affinen Linearmengen eine *reguläre* (d.h. von einem unabhängigen Punktepaar erzeugte) Linie existiert, welche zu jeder der m Linearmengen aparallel ist. Die genannten Reichhaltigkeitsbedingungen werden jeweils modultheoretisch reflektiert (vgl. Anmerkung 9 und 10).

In Paragraph 9 führen wir für affine Räume (zwecks Reduktion der Darstellungsaussage von Satz 10) verallgemeinerte "Schließungssätze vom Desargues-Typ" ein und nennen diese den *kleinen* und den *großen n-arguesischen Satz* (vgl. hierzu auch [Wille 70]); die zugehörigen affinen Räume heißen *n-arguesisch*.

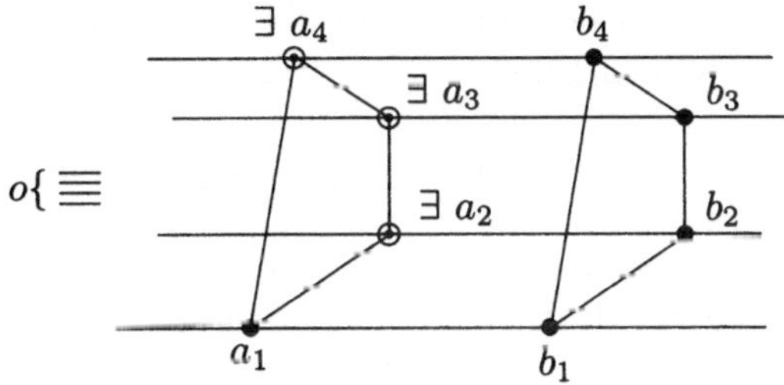

Kleiner 4-arguesischer Satz

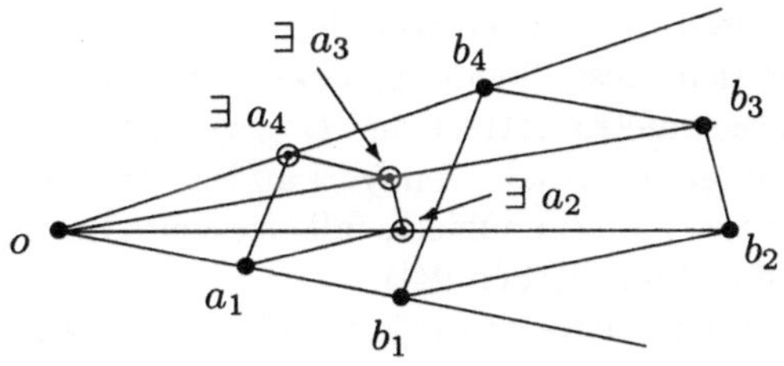

Großer 4-arguesischer Satz

Mit diesen Schließungsaussagen lassen sich Translationen und Streckungen synthetisch konstruieren, und wir erhalten (in Anwendung von Satz 10), daß jeder 4-arguesische affine Raum, welcher den (ebenen) Reichhaltigkeitsbedingungen (A_3) und (B_2^3) genügt, bereits modulinduziert ist (vgl. Korollar 2). Anschließend zeichnen wir eine weitere, räumliche Reichhaltigkeitsbedingung (BX) aus.

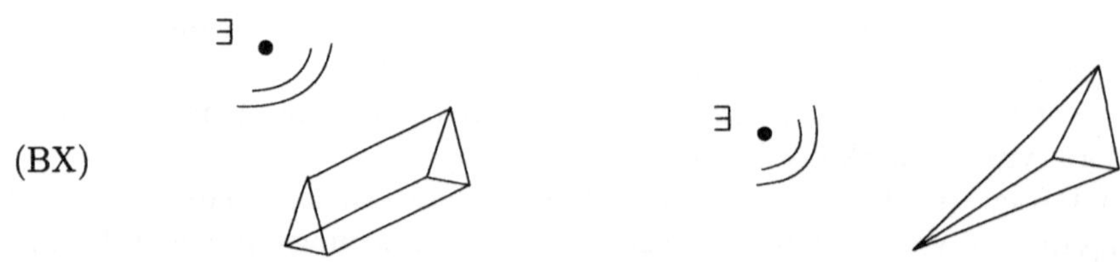

Gilt nun (A_4), (B_2^4) und (BX) in einem affinen Raum, so ist dieser modulinduziert (vgl. Korollar 3). Insbesondere sind die affinen Räume mit unendlicher Basis identisch mit den affinen Räumen über freien Moduln unendlichen Ranges (vgl. Korollar 4).

Im Anhang zu Teil II des Buches wird gezeigt, daß die affinen Linearmengen eines affinen Raumes, welche einen festen Punkt enthalten, stets eine (*arguesische*) *projektive Verbandsgeometrie* im Sinne von [GrSch 92a] induzieren. ("Projektive Punkte" sind hierbei durch affine Linien und "freie projektive Punkte" durch reguläre affine Linien gegeben – vgl. Bemerkung 6.) Andererseits gehört zu jeder projektiven Verbandsgeometrie mit ausgezeichneter *Hyperebene* ein affiner Raum (vgl. Bemerkung 7). Wir merken in diesem Zusammenhang an, daß – im Fall einer arguesischen projektiven Verbandsgeometrie – jeder solche affine Raum der Dimension ≥ 2 modulinduziert ist. (Dies ergibt sich unter Rückgriff auf [DayPi 83] sowie [Gref 91] und ist in [Schmidt 93d] bewiesen; vgl. auch [Gref 94].)

Man beachte hier: Jeder affine Raum ist kanonisch (vermöge seiner affinen Linearmengen und durch Hinzufügen von "Fernräumen") in einen P-Verband einbettbar, jedoch läßt sich diese "kleine projektive Geometrie" i.a. nicht zu einer projektiven Verbandsgeometrie fortsetzen. Dagegen ist eine Hyperebene eines affinen Raumes stets in einer projektiven Verbandsgeometrie enthalten; eine affine Hyperebene ist überdies modulinduziert, falls sie von Dimension ≥ 2 ist oder der Bedingung (B_2^2) genügt (vgl. [KrSch 94]).

Ferner stellen wir fest, daß eine projektive Verbandsgeometrie mit ausgezeichneter Hyperebene modulinduziert ist, falls der zugehörige affine Raum (A_4), (B_2^4) und (BX) erfüllt. (Dieses Ergebnis leitet sich aus Korollar 3 unter Verwendung von Lemma 4.3 in [Falt 75] ab und stellt im wesentlichen das Hauptresultat von [Falt 75] dar.)

Ein weiteres aktuelles Problemfeld betrifft die endliche Axiomatisierbarkeit modulinduzierter affiner Räume; für affine Ebenen wird diese in [SchStei 94] verifiziert. Wir zeigen schließlich, inwiefern die von W. Leißner und F. Radó untersuchten affinen Strukturen (vgl. [Veld 95]) als "partielle Unterstrukturen" affiner Räume auftreten.

Teil I

1 Affine Liniensysteme

Ein *Liniensystem* sei definiert als Paar $(P, \mathcal{G})$ bestehend aus einer Menge P und einer Teilmenge $\mathcal{G}$ der Potenzmenge von P derart, daß folgende Axiome erfüllt sind:

(L1) Zu $p, q \in P$ mit $p \neq q$ existiert stets ein (bzgl. der Mengeninklusion) kleinster Vertreter l aus $\mathcal{G}$, welcher p und q enthält; man setzt dann $p \vee q := l$ (Abb. 1).

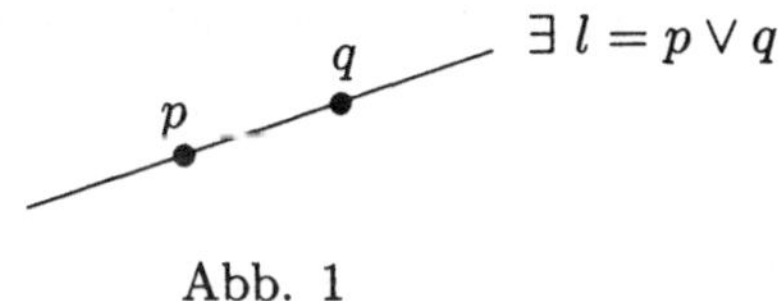

Abb. 1

(L2) $\mathcal{G}$ enthält nicht die leere Menge, und zu $l \in \mathcal{G}$ und $p \in l$ existiert stets ein $q \in P \setminus \{p\}$ mit $l = p \vee q$ (Abb. 2).

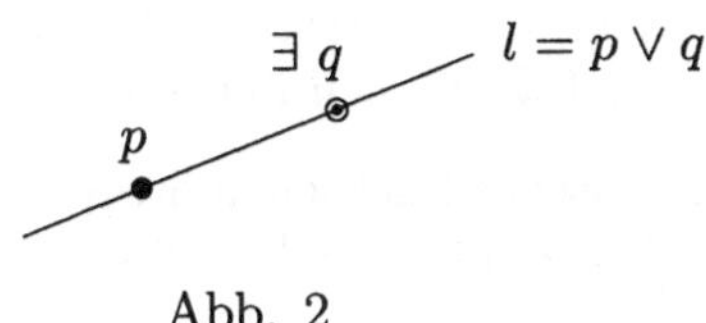

Abb. 2

Die Elemente von P heißen *Punkte*, die von $\mathcal{G}$ *Linien*. Axiom (L1) besagt dann, daß je zwei verschiedene Punkte eine "kleinste Verbindungslinie" haben, und nach (L2) kann jeder Punkt einer Linie als "Grundpunkt" gewählt werden.[1]

Ein Liniensystem wollen wir *klassisch* nennen, falls je zwei verschiedene Punkte auf genau einer Linie liegen. Klassische Liniensysteme sind herkömmlich als lineare Räume bekannt.

Abkürzungen: In einem Liniensystem $(P, \mathcal{G})$ sei für $p \in P$ stets $p \vee p := \{p\}$ gesetzt; ferner bezeichne

$$\mathcal{G}_p := \{l \in \mathcal{G} \mid p \in l\}$$

das sogenannte *Linienbüschel* durch p.

[1] Es sei hier angemerkt, daß die Eigenschaften (L1) und (L2) bereits in [Arnold 71b, S.10, dort unter (AI)] ausgezeichnet wurden.

Seien nun $(P,\mathcal{G})$ und $(P',\mathcal{G}')$ Liniensysteme. Dann ist eine *lineare Abbildung* von $(P,\mathcal{G})$ nach $(P',\mathcal{G}')$ als Abbildung $\varphi: P \to P'$ definiert, die

$$\varphi(p \vee q) \subseteq \varphi(p) \vee \varphi(q)$$

für alle $p,q \in P$ erfüllt. Eine Abbildung $\delta : P \to P$ heiße *Prädilatation* von $(P,\mathcal{G})$, falls für $l \in \mathcal{G}$ aus $\delta(l) \cap l \neq \emptyset$ stets $\delta(l) \subseteq l$ folgt.

Allgemeine Vereinbarung: Eine durch Zusatzeigenschaften (in einem vorgegebenen Kontext) ausgezeichnete Abbildung nennen wir *regulär*, falls die Abbildung bijektiv ist und ihre inverse Abbildung die gleichen Zusatzeigenschaften hat. (Im kategorientheoretischen Kontext werden die *regulären* Morphismen üblicherweise Isomorphismen genannt.)

Reguläre lineare Abbildungen bezeichnen wir auch als *Kollineationen.* Eine Kollineation von $(P,\mathcal{G})$ nach $(P',\mathcal{G}')$ ist als Bijektion $\varphi: P \to P'$ gekennzeichnet, die

$$\varphi(p \vee q) = \varphi(p) \vee \varphi(q)$$

für alle $p,q \in P$ erfüllt (d.h. $\mathcal{G}$ und $\mathcal{G}'$ werden durch φ bijektiv aufeinander bezogen). Die regulären Prädilatationen von $(P,\mathcal{G})$ sind gerade diejenigen Bijektionen $\delta: P \to P$, für die jedes $l \in \mathcal{G}$ mit $\delta(l) \cap l \neq \emptyset$ bereits $\delta(l) = l$ genügt.[2]

Gemäß [Herz 79] ist ein *Parallelismus* auf einem Liniensystem $(P,\mathcal{G})$ definiert als Äquivalenzrelation $\parallel$ auf $\mathcal{G}$, die den folgenden beiden Forderungen genügt:

(LE) "(Lineares) Euklidisches Parallelenpostulat" : Zu $p \in P$ und $l \in \mathcal{G}$ existiert stets genau ein $l' \in \mathcal{G}$ mit $p \in l'$ und $l \parallel l'$; man setzt dann $\pi(p\,|\,l) := l'$ (Abb. 3).

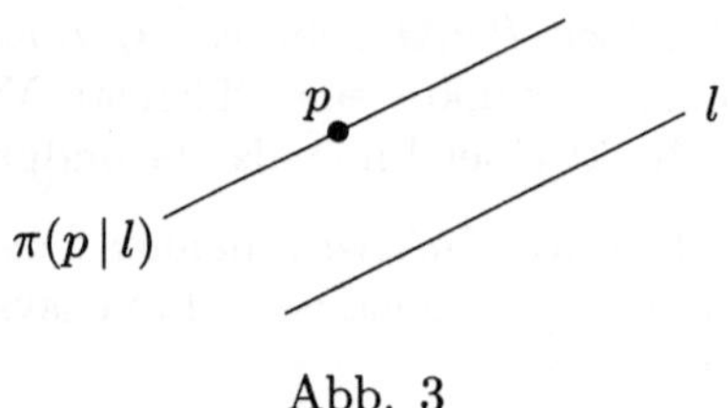

Abb. 3

(LM) "(Lineares) Monotonieaxiom": Für $p \in P$ und $k,l \in \mathcal{G}$ folgt aus $k \subseteq l$ stets $\pi(p\,|\,k) \subseteq \pi(p\,|\,l)$.

[2]Die hier genannte Bedingung findet sich (in abweichender Terminologie aber allgemeinerem Zusammenhang) bereits bei [Herz 79, S.164, dort unter (T)] bzw. [Herz 77].

Für ein Liniensystem $(P, \mathcal{G})$ mit Parallelismus $\|$ vereinbaren wir noch folgende Abkürzungen: Existiert für Linien k und l eine Parallele zu l, die k enthält (d.h. also $k \subseteq \pi(p \mid l)$ für alle $p \in k$), so schreiben wir

$$k \subseteq\| \, l$$

und nennen k *teilparallel* zu l; dann wird durch $\subseteq\|$ eine Quasiordnung auf $\mathcal{G}$ definiert, die $\|$ als zugehörige Äquivalenzrelation hat. Für alle $p, q \in P$ sei $\{p\} \parallel \{q\}$ und $\pi(q \mid \{p\}) := \{q\}$ gesetzt; wir sagen ferner, daß ein Punktequadrupel $(p, q \mid r, s)$ ein *Parallelogramm* bildet, falls $p \vee q \parallel r \vee s$ und $p \vee r \parallel q \vee s$ gilt (Abb. 4).

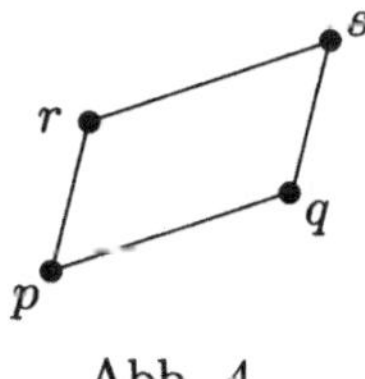

Abb. 4

Seien nun $(P, \mathcal{G}, \|)$ und $(P', \mathcal{G}', \|')$ Liniensysteme mit Parallelismus. Eine *affine Abbildung* von $(P, \mathcal{G}, \|)$ nach $(P', \mathcal{G}', \|')$ ist als Abbildung $\varphi: P \to P'$ definiert, die

$$\varphi(\pi(r \mid p \vee q)) \subseteq \pi(\varphi(r) \mid \varphi(p) \vee \varphi(q))$$

für alle $p, q, r \in P$ erfüllt, d.h. $r \vee s \subseteq\| \, p \vee q$ impliziert $\varphi(r) \vee \varphi(s) \subseteq\| \, \varphi(p) \vee \varphi(q)$ (Abb. 5).

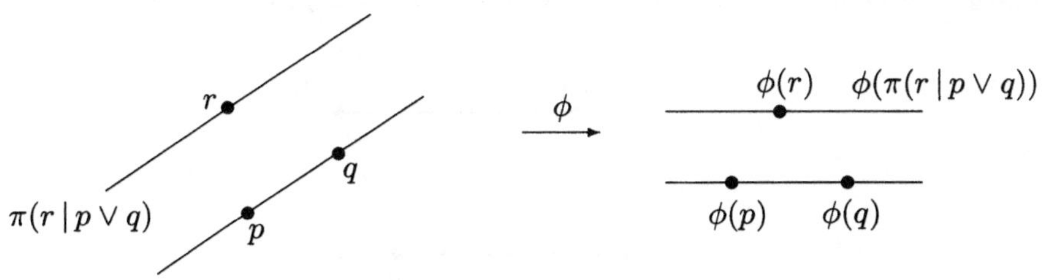

Abb. 5

Offensichtlich ist jede affine Abbildung linear. Reguläre affine Abbildungen bezeichnen wir auch als *affine Kollineationen*. Eine affine Kollineation von $(P, \mathcal{G}, \|)$

nach $(P', \mathcal{G}', \|')$ läßt sich als Bijektion $\varphi: P \to P'$, die

$$\varphi(\pi(r \mid p \vee q)) = \pi(\varphi(r) \mid \varphi(p) \vee \varphi(q))$$

für alle $p, q, r \in P$ erfüllt, beschreiben. Somit sind affine Kollineationen gerade diejenigen Kollineationen φ, für die $k \parallel l$ stets zu $\varphi(k) \parallel \varphi(l)$ äquivalent ist.

Unsere besondere Aufmerksamkeit wird folgendem Typ von Abbildung gelten: Eine *Dilatation* von $(P, \mathcal{G}, \|)$ ist erklärt als Abbildung $\delta: P \to P$, für die alle $p, q \in P$ der Bedingung

$$\delta(p) \vee \delta(q) \subseteq\parallel p \vee q$$

genügen (Abb. 6).

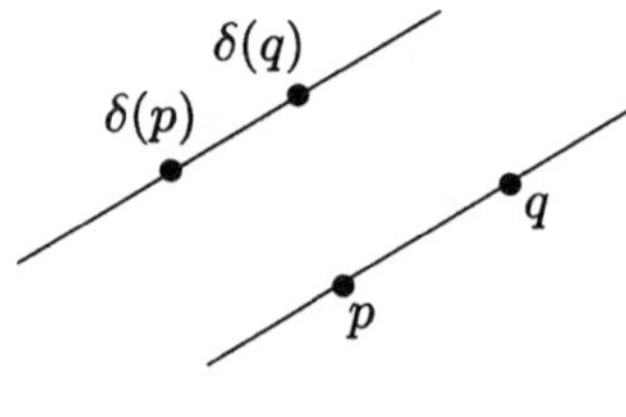

Abb. 6

Offensichtlich ist jede Dilatation auch Prädilatation. Eine reguläre Dilatation von $(P, \mathcal{G}, \|)$ ist als Kollineation δ von $(P, \mathcal{G})$ auf sich charakterisiert, welche für $l \in \mathcal{G}$ stets $\delta(l) \parallel l$ erfüllt. Insbesondere ist jede reguläre Dilatation eine affine Kollineation. Eine Dilatation mit Fixpunkt nennen wir auch *Streckung*.

Als *Translation* von $(P, \mathcal{G}, \|)$ definieren wir eine Bijektion $\tau: P \to P$, derart, daß $(p, q \mid \tau(p), \tau(q))$ ein Parallelogramm bildet für alle $p, q \in P$ (Abb. 7).

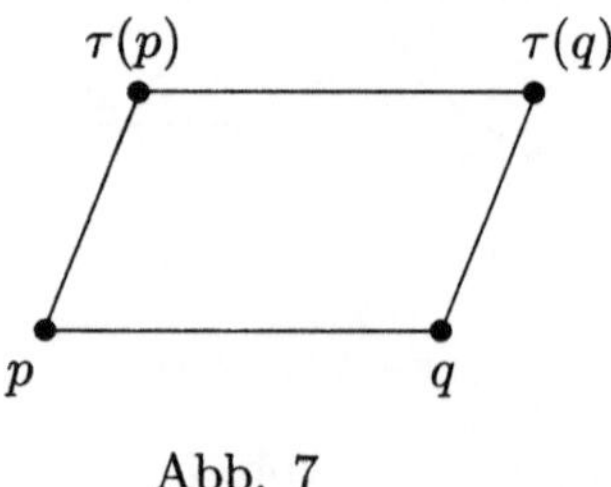

Abb. 7

Translationen lassen sich als diejenigen regulären Dilatationen kennzeichnen, welche mit einer Linie bzw. einem Punkt stets auch sämtliche dazu parallele Linien bzw. Punkte festlassen. Eine reguläre Dilatation, die jeden bzw. keinen Punkt festläßt, heiße *Quasitranslation*.

Ist eine Menge von Abbildungen auf der Punktmenge eines Liniensystems transitiv, so nennen wir die Abbildungsmenge *punkttransitiv* (auf dem Liniensystem – Abb. 8).

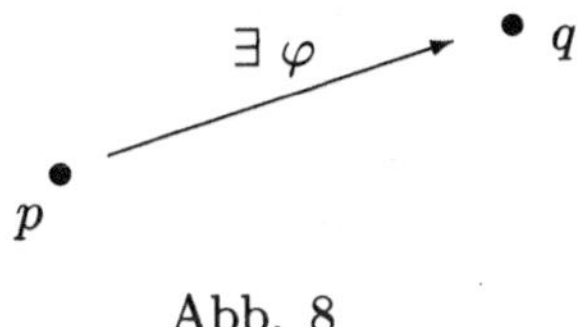

Abb. 8

Bemerkung 1: Jedes Liniensystem mit punkttransitiver Gruppe von regulären Prädilatationen trägt genau einen Parallelismus, bzgl. dessen die Gruppe bereits aus regulären Dilatationen besteht (vgl. [Herz 79] und [Schulz 67, 4.2]).

Für Liniensysteme $(P, \mathcal{G})$ mit Parallelismus $\parallel$ zeichnen wir folgende "Schließungssätze" aus:

($\varoslash$) "(Schwaches) Parallelogrammaxiom": Für alle $p, q, r \in P$ ist

$$\pi(q \mid p \vee r) \cap \pi(r \mid p \vee q) \neq \emptyset \qquad \text{(Abb. 9).}$$

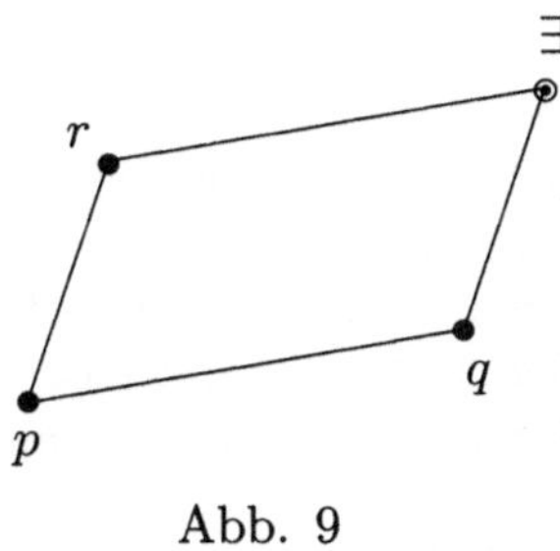

Abb. 9

($\angle$) "Lenzaxiom": Für alle $p, q, r \in P$ und $a \in p \vee q$ ist

$$(p \vee r) \cap \pi(a \mid q \vee r) \neq \emptyset \qquad \text{(Abb. 10).}$$

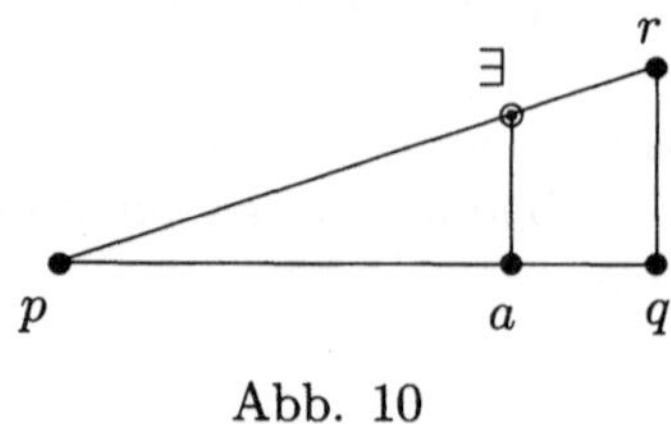

Abb. 10

$(\triangle^{\triangle})$ "Dreiecksaxiom": Für alle $a, b, p, q, r \in P$ mit $a \vee b \subseteq\parallel p \vee q$ ist

$$\pi(a \,|\, p \vee r) \cap \pi(b \,|\, q \vee r) \neq \emptyset \qquad \text{(Abb. 11)}.$$

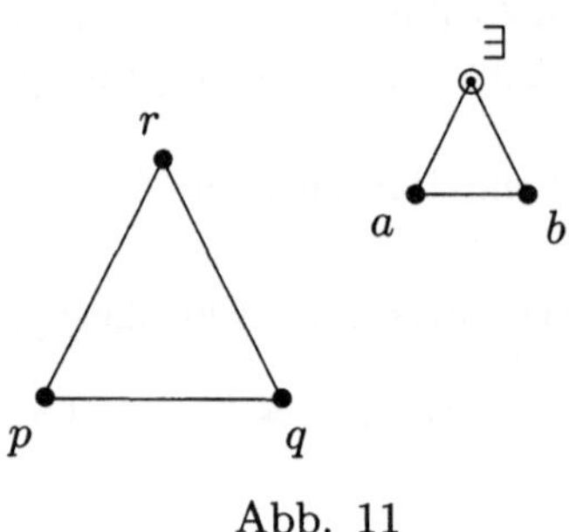

Abb. 11

Anmerkung 1: (a) Das Dreiecksaxiom $(\triangle^{\triangle})$ impliziert stets das Parallelogrammaxiom (▱) und das Lenzaxiom (⊿).
(b) Für klassische Liniensysteme mit Parallelismus folgt aus dem Parallelogrammaxiom (▱) und dem Lenzaxiom (⊿) zusammen das Dreiecksaxiom $(\triangle^{\triangle})$. Enthält im klassischen Fall eine (und damit jede) Gerade mindestens drei Punkte, so folgt (▱) bereits aus (⊿).
(c) Ist die Menge der regulären Dilatationen eines Liniensystems mit Parallelismus punkttransitiv, so ist das Lenzaxiom (⊿) äquivalent zum Dreiecksaxiom $(\triangle^{\triangle})$.

Wir formulieren jetzt den zentralen Begriff für unsere weitere Abhandlung.

Definition 1: *Ein Liniensystem mit Parallelismus, welches dem Dreiecksaxiom $(\triangle^{\triangle})$ genügt, heiße* affines Liniensystem.

Anmerkungen zur Literatur: Die *klassischen affinen Liniensysteme*, d.h. die klassischen Liniensysteme mit Parallelismus, in denen (Δ^Δ) gilt, sind herkömmlich als affine Räume bekannt (vgl. [Tam 72]). Affine Liniensysteme mit punkttransitiver Gruppe von Translationen werden faktisch bereits von Arnold beschrieben (vgl. [Arnold 71b, S.79f – dort gekennzeichnet durch die Axiome AI,AII,AIII,AIV* ("einfache Translations-Gruppen-Transitivität") und AV ("Lenzaxiom")]). Allgemeiner ist jede "affine Liniengeometrie" im Sinne von Arnold ein Liniensystem mit Parallelismus. Ist andererseits in einem Liniensystem mit Parallelismus die Gruppe der regulären Dilatationen punkttransitiv, so liegt bereits eine "homogene affine Liniengeometrie" im Arnoldschen Sinne vor (vgl. [Arnold 71b, S.21]. Hervorzuheben ist, daß die Liniensysteme mit Parallelismus und scharf punkttransitiver Menge von (Translationen) Quasitranslationen kanonisch sogenannten "(normalen) vektoriellen Loops" entsprechen (vgl. [Arnold 71b, Satz 5 und Satz 5a]).

Wir wollen an dieser Stelle – in leichter Abweichung von Arnolds Vorgehensweise in [Arnold 71b] – den von Baer in [Baer 63] geprägten Begriff der *(geometrischen) Partition* einer abelschen Gruppe geeignet verallgemeinern:

Ein *Untergruppenbüschel* einer Gruppe sei definiert als Menge von Untergruppen, deren Vereinigung die ganze Gruppe ist. Besteht ein Untergruppenbüschel sämtlich aus Normalteilern der zugrundeliegenden Gruppe, so sprechen wir auch von einem *Normalteilerbüschel.*

Ist $\mathtt{M} = (M, +, 0)$ eine beliebige (additiv geschriebene) Gruppe (mit neutralem Element 0), so heiße ein Untergruppenbüschel $\mathcal{B}$ von $\mathtt{M}$ *linear*, falls jedes $x \in M\setminus\{0\}$ in einem (bzgl. der Mengeninklusion) kleinsten Vertreter aus $\mathcal{B}$ liegt, welcher mit ${}_{\mathcal{B}}\langle x\rangle$ bezeichnet sei, und außerdem zu jedem $B \in \mathcal{B}$ ein $x \in M\setminus\{0\}$ mit $B = {}_{\mathcal{B}}\langle x\rangle$ existiert. Gilt zusätzlich

$${}_{\mathcal{B}}\langle x+y\rangle \subseteq {}_{\mathcal{B}}\langle x\rangle + {}_{\mathcal{B}}\langle y\rangle$$

für alle $x, y \in M$ (wobei $A + B := \{a + b \mid a \in A, b \in B\}$ für beliebige Teilmengen A, B von M), so nennen wir $\mathcal{B}$ *affin-linear.*[3] Ein lineares Untergruppenbüschel einer Gruppe, welches keine echt ineinander enthaltenen Vertreter besitzt, heiße *klassisch.*[4]

Jeder Gruppe $\mathtt{M}$ mit (affin-)linearem Untergruppenbüschel $\mathcal{B}$ entspricht genau eine "(distributive) vektorielle Gruppe" im Sinne von [Arnold 71b] – und zwar wird $(\mathtt{M}, \mathcal{B})$ gerade auf $(\mathtt{M}, {}_{\mathcal{B}}\langle\ \rangle)$ bezogen, wobei ${}_{\mathcal{B}}\langle\ \rangle : M \to 2^M, x \to {}_{\mathcal{B}}\langle x\rangle$ (mit ${}_{\mathcal{B}}\langle 0\rangle := \{0\}$).

---

[3]Eine äquivalente Bedingung ist, daß für $t \in M\setminus\{0\}$ und $A, B \in \mathcal{B}$ aus $t \in A + B$ stets ${}_{\mathcal{B}}\langle t\rangle \subseteq A + B$ folgt.

[4]Die klassischen (affin-)linearen Untergruppenbüschel einer abelschen Gruppe sind dann gerade ihre (geometrischen) Partitionen.

Aus [Arnold 71b, Satz 6 und Satz 6(a)] und [Arnold 71b, S.63 und S.79] ergibt sich nunmehr der

Satz 1: **(a)** *Die Liniensysteme mit Parallelismus und punkttransitiver Gruppe von Quasitranslationen (Translationen) entsprechen – bis auf Isomorphie – genau den linearen Untergruppenbüscheln (Normalteilerbüscheln) von Gruppen.*
(b) *Die affinen Liniensysteme mit punkttransitiver Gruppe von Quasitranslationen (Translationen) entsprechen – bis auf Isomorphie – genau den affin-linearen Untergruppenbüscheln (Normalteilerbüscheln) von Gruppen.*

Zu einem direkten Beweis des Satzes merken wir an: Ist ein Liniensystem $(P, \mathcal{G})$ mit Parallelismus $\|$ und punkttransitiver Gruppe T von Quasitranslationen gegeben, so wähle man ein $p \in P$ und setze

$$\mathcal{B} := \{T_l \mid l \in \mathcal{G}_p\},$$

wobei T_l den Stabilisator von l in T bezeichne, d.h.

$$T_l := \{\tau \in T \mid \tau(l) = l\}$$

für alle $l \in \mathcal{G}$; dann ist $\mathcal{B}$ ein lineares Untergruppenbüschel von T. Ist andererseits ein lineares Untergruppenbüschel $\mathcal{B}$ einer Gruppe $\mathtt{M} = (M, +, 0)$ gegeben, so setze man

$$\begin{aligned} \mathcal{G} &:= \{p + l \mid p \in M, l \in \mathcal{B}\} \qquad \text{(Abb. 12)}, \\ \| &:= \{(p + l, q + l) \mid p, q \in M, l \in \mathcal{B}\} \quad \text{und} \\ T &:= \{\tau_p \mid p \in M\}, \end{aligned}$$

wobei $\tau_p\colon M \to M$, $x \mapsto p + x$ für alle $p \in M$; dann ist $(M, \mathcal{G})$ ein Liniensystem mit Parallelismus $\|$ und punkttransitiver Gruppe T von Quasitranslationen. □

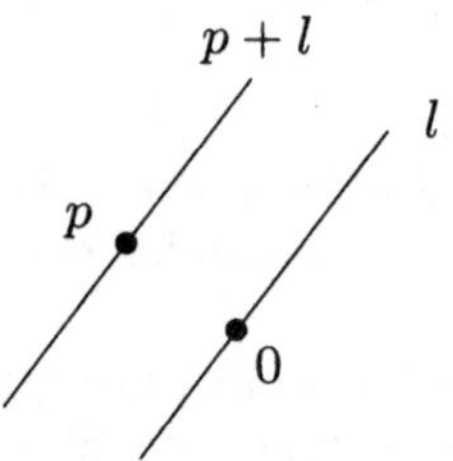

Abb. 12

Der hier referierte Satz verallgemeinert die (bis auf Isomorphie) 1-1deutige Beziehung zwischen klassischen affinen Liniensystemen mit transitiver Translationsgruppe und klassischen affin-linearen Normalteilerbüscheln von Gruppen (wobei festzustellen ist, daß klassische affin-lineare Untergruppenbüschel mit mehr als einem Vertreter nur in abelschen Gruppen existieren können). Wie vom klassischen Fall bekannt (dort speziell bei der Konstruktion von (nichtdesarguesschen) Translationsebenen), lassen sich auch im allgemeinen Fall durch die Angabe affinlinearer Normalteilerbüschel eine Vielzahl affiner Liniensysteme mit punkttransitiver Gruppe von Translationen konstruieren. Hierzu das folgende

Beispiel 1: Sei $\mathtt{M} = (M, +, 0)$ eine beliebige Gruppe und R eine Menge von Endomorphismen von $\mathtt{M}$. Für jedes $x \in M \setminus \{0\}$ bezeichne dann ${}_R\langle x \rangle$ den kleinsten R-invarianten Normalteiler von $\mathtt{M}$, der x enthält (ein Normalteiler N von $\mathtt{M}$ heißt *R-invariant*, falls $r(N) \subseteq N$ für alle $r \in R$). Dann ist

$$\mathcal{B} := \{{}_R\langle x \rangle \mid x \in M \setminus \{0\}\}$$

ein affin-lineares Normalteilerbüschel von $\mathtt{M}$ (mit ${}_{\mathcal{B}}\langle x \rangle = {}_R\langle x \rangle$ für alle $x \in M \setminus \{0\}$).

2 Äquivalenzrelationenbüschel

Bekanntermaßen stehen die Normalteiler zu den Kongruenzrelationen einer Gruppe in 1-1deutiger Beziehung (da die Normalteiler gerade als die Kongruenzklassen des neutralen Elementes der Gruppe auftreten). Allgemeiner betrachtet, gehört zu jeder Untergruppe U einer Gruppe $\mathtt{M} = (M, +, 0)$ die Äquivalenzrelation

$$\Theta_U := \{(x, y) \in M \times M \mid -x + y \in U\}$$

auf M (es ist U dann gerade die Äquivalenzklasse von Θ_U durch 0). Somit ist jedes Untergruppenbüschel $\mathcal{B}$ von $\mathtt{M}$ als "Äquivalenzrelationenbüschel" $\{\Theta_B \mid B \in \mathcal{B}\}$ interpretierbar. Also besteht nach Satz 1 ein 1-1deutiger Zusammenhang zwischen den Liniensystemen mit Parallelismus und punkttransitiver Gruppe von Quasitranslationen einerseits und gewissen "Äquivalenzrelationenbüscheln" auf Gruppen andererseits. Wie wir sehen werden, läßt sich ein entsprechender Zusammenhang ganz allgemein für Liniensysteme mit Parallelismus und sogenannten "linearen Äquivalenzrelationenbüscheln" herstellen. Zunächst präzisieren wir die aufgeworfenen Begriffsbildungen:

Unter einem *Äquivalenzrelationenbüschel* auf einer Menge P verstehen wir eine Menge von Äquivalenzrelationen auf P, deren Vereinigung $P \times P$ ist.[5] Ein Äquivalenzrelationenbüschel $\mathcal{B}$ auf P heiße *linear*, falls jedes Paar $(p, q) \in P \times P$ mit $p \neq q$ in einem (bzgl. der Mengeninklusion) kleinsten Vertreter aus $\mathcal{B}$ liegt, welcher mit $\Theta_{\mathcal{B}}(p, q)$ bezeichnet sei, und außerdem zu $\Theta \in \mathcal{B}$ und $p \in P$ stets ein $q \in P \setminus \{p\}$ mit $\Theta = \Theta_{\mathcal{B}}(p, q)$ existiert.[6] Gilt zusätzlich

$$\Theta_{\mathcal{B}}(p, q) \subseteq \Theta_{\mathcal{B}}(p, r) \circ \Theta_{\mathcal{B}}(r, q)$$

für beliebige Elemente p, q, r aus P, so nennen wir $\mathcal{B}$ *affin-linear*[7]. (Dabei bezeichne $\Phi \circ \Psi := \{(x, y) \in P \times P \mid (x, z) \in \Phi \text{ und } (z, y) \in \Psi \text{ für ein } z \in P\}$ allgemein das *Relationenprodukt* binärer Relationen Φ und Ψ auf P.) Ein lineares Äquivalenzrelationenbüschel, welches keine echt ineinander enthaltenen Vertreter besitzt, heiße *klassisch*.[8]

Wie angekündigt, gelangen wir jetzt zu folgender "Darstellung" von Liniensystemen mit Parallelismus durch Äquivalenzrelationenbüschel:

---

[5] Genaugenommen sei ein *Äquivalenzrelationenbüschel* als Paar $(P, \mathcal{B})$ definiert, welches aus einer Grundmenge P und einer Menge $\mathcal{B}$ von Äquivalenzrelationen auf P besteht derart, daß $\bigcup \mathcal{B} = P \times P$ gilt.

[6] Für $p \in P$ bezeichne $\Theta_{\mathcal{B}}(p, p)$ stets die Gleichheitsrelation auf P.

[7] Eine äquivalente Bedingung ist, daß für $p, q \in P$ und $\Phi, \Psi \in \mathcal{B}$ aus $(p, q) \in \Phi \circ \Psi$ stets $\Theta_{\mathcal{B}}(p, q) \subseteq \Phi \circ \Psi$ folgt.

[8] Die klassischen affin-linearen Äquivalenzrelationenbüschel stehen (definitorisch) in unmittelbarem Zusammenhang mit den in [Arnold 87] eingeführten *2-stelligen affinen Relativen*.

Satz 2: *Für eine beliebige Menge P stehen die Liniensysteme mit Parallelismus, die P als Punktmenge besitzen, in 1-1deutiger Beziehung zu den linearen Äquivalenzrelationenbüscheln auf P. Dabei korrespondieren die affinen Liniensysteme genau mit den affin-linearen Äquivalenzrelationenbüscheln. Ferner sind die klassischen Liniensysteme mit Parallelismus 1-1deutig auf die klassischen linearen Äquivalenzrelationenbüschel bezogen.*[9]

Zum einfachen Beweis des Satzes merken wir an: Ist ein Liniensystem $(P, \mathcal{G})$ mit Parallelismus $\|$ gegeben, so setze man

$$\begin{aligned} \mathcal{B} &:= \{\Theta(p,q) \,|\, p,q \in P \text{ mit } p \neq q\}, \quad \text{wobei} \\ \Theta(p,q) &:= \{(r,s) \in P \times P \,|\, r \vee s \subseteq\| \, p \vee q\} \end{aligned}$$

für alle $p, q \in P$ mit $p \neq q$ sei; dann ist $\mathcal{B}$ ein lineares Äquivalenzrelationenbüschel auf P (mit $\Theta_{\mathcal{B}}(p,q) = \Theta(p,q)$ für alle $p, q \in P$ mit $p \neq q$).

Ist andererseits ein lineares Äquivalenzrelationenbüschel $\mathcal{B}$ auf P gegeben, so setze man

$$\begin{aligned} \mathcal{G} &:= \{[p]\Theta \,|\, p \in P, \, \Theta \in \mathcal{B}\} \quad \text{und} \\ \| &:= \{([p]\Theta, [q]\Theta) \,|\, p,q \in P, \, \Theta \in \mathcal{B}\} \quad \text{(Abb. 13)}, \end{aligned}$$

wobei $[p]\Theta$ allgemein die Äquivalenzklasse eines Elements p (aus P) bzgl. einer Äquivalenzrelation Θ (auf P) bezeichne (d.h. $[p]\Theta := \{q \in P \,|\, (p,q) \in \Theta\}$); dann ist $(P, \mathcal{G})$ ein Liniensystem mit Parallelismus $\|$.

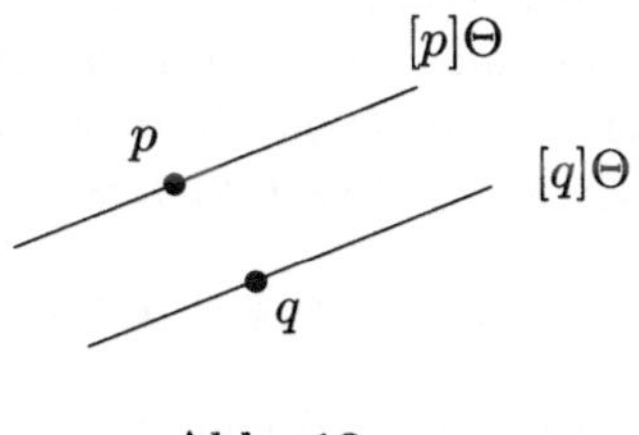

Abb. 13

Es ist nun leicht nachzuprüfen, daß die eben erklärten Zuordnungen

$$(P, \mathcal{G}, \|) \mapsto (P, \mathcal{B}) \quad \text{und} \quad (P, \mathcal{B}) \mapsto (P, \mathcal{G}, \|)$$

[9] Die sich aus Satz 2 ergebende 1-1deutige Beziehung der klassischen affinen Liniensysteme zu den klassischen affin-linearen Äquivalenzrelationenbüscheln entspricht genau dem in [Arnold 87, unter 1.10*] formulierten Resultat.

zueinander invers sind. Dabei genügt $(P, \mathcal{G}, \|)$ offensichtlich genau dann dem Dreiecksaxiom (Δ^{Δ}), wenn

$$\Theta_{\mathcal{B}}(p,q) \subseteq \Theta_{\mathcal{B}}(p,r) \circ \Theta_{\mathcal{B}}(r,q)$$

für beliebige Elemente p, q, r aus P gilt (Abb. 14). □

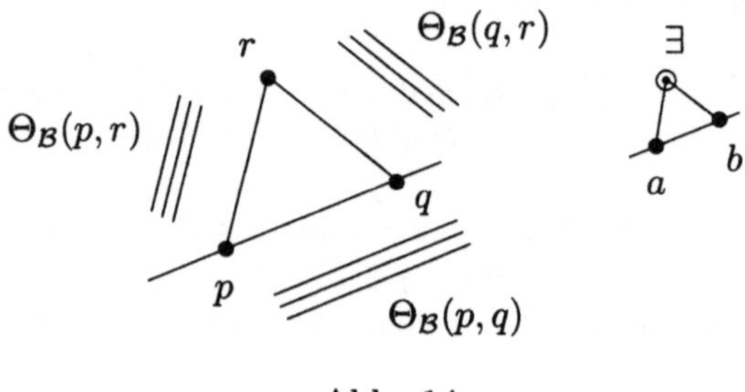

Abb. 14

In "Verallgemeinerung" des Begriffs des Normalteilerbüschels einer Gruppe verstehen wir unter einem *Kongruenzrelationenbüschel* einer (allgemeinen) Algebra ein Äquivalenzrelationenbüschel (auf der Grundmenge der Algebra), welches sämtlich aus Kongruenzrelationen der Algebra besteht.

Beispiel 2: Für eine (allgemeine) Algebra $\mathcal{A}$ mit Grundmenge A und beliebige $p, q \in A$ mit $p \neq q$ bezeichne $\Theta_{\mathcal{A}}(p,q)$ die kleinste Kongruenzrelation von $\mathcal{A}$, die (p,q) enthält. Kommutieren dann (bzgl. dem Relationenprodukt) je zwei Kongruenzrelationen von $\mathcal{A}$ und ist $\mathcal{A}$ *2-homogen* (d.h. zu $p, q, r \in A$ mit $p \neq q$ existiert stets ein $s \in A \setminus \{r\}$ mit $\Theta_{\mathcal{A}}(p,q) = \Theta_{\mathcal{A}}(r,s)$), so ist

$$\mathcal{B} := \{\Theta_{\mathcal{A}}(p,q) \mid p, q \in A \text{ mit } p \neq q\}$$

ein affin-lineares Kongruenzrelationenbüschel von $\mathcal{A}$.

Bezug zu Beispiel 1: Für jede Gruppe $\mathtt{M} = (M, +, 0)$ und jede beliebige Endomorphismenmenge R von $\mathtt{M}$ erfüllt die Algebra $\mathcal{A} := (M; +, 0, R)$ die Voraussetzungen des eben aufgeführten Beispieltyps, und man erkennt, daß die durch Beispiel 2 evozierte Beispielklasse affiner Liniensysteme die zu Beispiel 1 gehörige umfaßt.

Sind $(P, \mathcal{B})$ und $(P', \mathcal{B}')$ lineare Äquivalenzrelationenbüschel, so definiere man einen *Morphismus* von $(P, \mathcal{B})$ nach $(P', \mathcal{B}')$ als Abbildung $\varphi : P \to P'$, für die für $p, q, r, s \in P$ aus $(r,s) \in \Theta_{\mathcal{B}}(p,q)$ stets $(\varphi(r), \varphi(s)) \in \Theta_{\mathcal{B}'}(\varphi(p), \varphi(q))$ folgt.

Die Herleitung von Satz 2 erlaubt nunmehr folgende kategorientheoretische Kennzeichnung:

Äquivalenzsatz 1: *Die Liniensysteme mit Parallelismus (als Objekte) zusammen mit den affinen Abbildungen (als Morphismen) bilden eine Kategorie, die in natürlicher Weise äquivalent ist zur Kategorie der linearen Äquivalenzrelationenbüschel (als Objekte) zusammen mit ihren zugehörigen Morphismen.*

Insbesondere besteht eine kategorientheoretische Äquivalenz zwischen den affinen Liniensystemen und den affin-linearen Äquivalenzrelationenbüscheln.

3 π-Verbände

In diesem Paragraphen werden wir primär auf das verbandstheoretische Analogon zu Liniensystemen mit Parallelismus, die sogenannten *π-Verbände*, eingehen. Insbesondere werden wir dabei die Beziehung zu Hüllensystemen, Äquivalenzrelationenbüscheln und *P-Verbänden* klären.

Zur Notation: Für einen vollständigen Verband $\mathtt{V}$ mit zugehöriger Ordnungsrelation $\leqslant$ und $X \subseteq \mathtt{V}$ bezeichne stets $\bigvee X$ die *Verbindung* (d.h. die kleinste obere Schranke) und $\bigwedge X$ den *Schnitt* (d.h. die größte untere Schranke) von X in $\mathtt{V}$. Das kleinste bzw. größte Element von $\mathtt{V}$ wird üblicherweise mit 0 bzw. 1 bezeichnet. Für $x, y \in \mathtt{V}$ sei ferner $x \vee y$ bzw. $x \wedge y$ die Verbindung bzw. der Schnitt von x mit y, d.h.

$$x \vee y := \bigvee\{x, y\} \quad \text{und} \quad x \wedge y := \bigwedge\{x, y\}.$$

Ein minimales Element aus $\mathtt{V}\backslash\{0\}$ heißt *Atom* von $\mathtt{V}$. Ist in $\mathtt{V}$ jedes Element Verbindung von Atomen, so nennt man $\mathtt{V}$ *atomistisch*. Für eine Teilmenge P von $\mathtt{V}$ und $x \in \mathtt{V}$ sei stets

$$P(x) := \{p \in P \,|\, p \leqslant x\}$$

gesetzt; man sagt, daß P *verbindungsdicht* in $\mathtt{V}$ ist, falls $\bigvee P(x) = x$ für alle $x \in \mathtt{V}$ gilt. In atomistischen Verbänden liegt also die Menge der Atome verbindungsdicht. Ein Element x von $\mathtt{V}$ heißt *kompakt* in $\mathtt{V}$, falls für $Y \subseteq \mathtt{V}$ aus $x \leqslant \bigvee Y$ stets $x \leqslant \bigvee Z$ für eine endliche Teilmenge Z von Y folgt. Ein vollständiger Verband, in dem die Menge der kompakten Elemente verbindungsdicht liegt, ist als *algebraischer Verband* definiert. Eine Abbildung φ zwischen vollständigen Verbänden $\mathtt{V}$ und $\mathtt{V}'$ heißt *residuiert* (bzw. *verbindungstreu*, falls

$$\varphi(\bigvee X) = \bigvee \varphi(X)$$

für alle $X \subseteq \mathtt{V}$ gilt (für $X = \emptyset$ folgt speziell $\varphi(0) = 0$). Die regulären residuierten Abbildungen von $\mathtt{V}$ nach $\mathtt{V}'$ sind gerade die *Ordnungsisomorphismen* von $\mathtt{V}$ nach $\mathtt{V}'$ (d.h. Bijektionen $\varphi : \mathtt{V} \to \mathtt{V}'$, für die für $x, y \in \mathtt{V}$ stets $x \leqslant y$ zu $\varphi(x) \leqslant \varphi(y)$ äquivalent ist).

Sei nun $\mathtt{V}$ ein atomistischer, vollständiger Verband und P die Menge der Atome von $\mathtt{V}$. Gemäß [Wille 70] und [Herz 77] versteht man unter einem *Parallelismus* auf $\mathtt{V}$ eine Äquivalenzrelation $\parallel$ auf $\mathtt{V}\backslash\{0\}$, die den folgenden beiden Forderungen genügt:

(E) "Euklidisches Parallelenpostulat": Zu $p \in P$ und $x \in \mathtt{V}\backslash\{0\}$ existiert stets genau ein $y \in \mathtt{V}\backslash\{0\}$ mit $p \leqslant y$ und $x \parallel y$; man setzt dann $\pi(p\,|\,x) := y$ (Abb. 15).

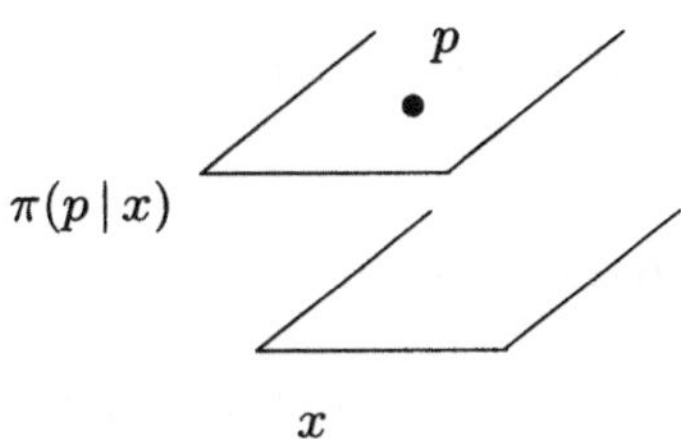

Abb. 15

(M) "Monotonieaxiom": Für $p \in P$ und $x, y \in \mathtt{V}\setminus\{0\}$ folgt aus $x \leqslant y$ stets $\pi(p\,|\,x) \leqslant \pi(p\,|\,y)$.

Einen atomistischen, vollständigen Verband mit Parallelismus wollen wir künftig als *π-Verband* bezeichnen. Existiert in einem π-Verband $(\mathtt{V}, \|)$ für von 0 verschiedene Elemente x und y ein Element z mit $x \leqslant z$ und $z \parallel y$ (d.h. also $x \leqslant \pi(p\,|\,y)$ für alle Atome p von $\mathtt{V}$ mit $p \leqslant x$), so schreiben wir

$$x \leqslant\!\| \; y$$

und nennen x *teilparallel* zu y (durch $\leqslant\!\|$ wird auf $\mathtt{V}\setminus\{0\}$ eine Quasiordnung definiert, die $\|$ als zugehörige Äquivalenzrelation hat).

Seien $(\mathtt{V}, \|)$ und $(\mathtt{V}', \|')$ π-Verbände. Eine *affine Abbildung* von $(\mathtt{V}, \|)$ nach $(\mathtt{V}', \|')$ ist definiert als residuierte Abbildung $\varphi : \mathtt{V} \to \mathtt{V}'$ derart, daß durch φ Atome von $\mathtt{V}$ auf Atome von $\mathtt{V}'$ abgebildet werden und daß gilt:

$$x \leqslant\!\| \; y \quad \text{impliziert stets} \quad \varphi(x) \leqslant\!\| \; \varphi(y).$$

Eine reguläre affine Abbildung von $(\mathtt{V}, \|)$ nach $(\mathtt{V}', \|')$ nennen wir auch einen *affinen Isomorphismus*; ein solcher ist als Ordnungsisomorphismus $\varphi : \mathtt{V} \to \mathtt{V}'$ gekennzeichnet, für den $x \parallel y$ zu $\varphi(x) \parallel \varphi(y)$ äquivalent ist (für alle $x, y \in \mathtt{V}\setminus\{0\}$).

Unter einer *Dilatation* eines π-Verbandes $(\mathtt{V}, \|)$ ist eine Abbildung $\delta : \mathtt{V} \to \mathtt{V}$ mit $\delta(0) = 0$ zu verstehen, die Atome in Atome überführt und

$$\delta(x) \leqslant\!\| \; x \quad \text{sowie} \quad \delta(x) = \bigvee\{\delta(p) \mid p \text{ ist Atom in } V(x)\}$$

für alle $x \in \mathtt{V}\setminus\{0\}$ erfüllt. Eine reguläre Dilatation von $(\mathtt{V}, \|)$ ist als Ordnungsautomorphismus δ von $\mathtt{V}$ charakterisiert, welcher für alle $x \in \mathtt{V}\setminus\{0\}$ der Bedingung $\delta(x) \parallel x$ genügt. Insbesondere ist jede reguläre Dilatation ein affiner Isomorphismus. Eine Dilatation, die ein Atom festläßt, nennen wir auch *Streckung*. Unter einer *Translation* (eines π-Verbandes) verstehen wir eine reguläre Dilatation, die mit einem Element stets auch sämtliche dazu parallele Elemente festläßt. Wird von einer regulären Dilatation jedes bzw. kein Atom (eines π-Verbandes) festgelassen, so sprechen wir von einer *Quasitranslation* (des π-Verbandes).

Ist eine Menge von Abbildungen auf der Menge der Atome eines atomistischen Verbandes transitiv, so nennen wir die Abbildungsmenge *atomtransitiv* (auf dem Verband).

Zusammenhang mit Hüllensystemen: Ein *Hüllensystem* ist ein Paar $(P, \mathcal{V})$, welches aus einer Grundmenge P und einer $\cap$-abgeschlossenen Teilmenge $\mathcal{V}$ der Potenzmenge von P besteht (d.h. aus $\mathcal{U} \subseteq \mathcal{V}$ folgt stets $\bigcap \mathcal{U} \in \mathcal{V}$; insbesondere ist $P \in \mathcal{V}$). Jeder Teilmenge X von P ist dann durch

$$_{\mathcal{V}}\langle X \rangle := \bigcap \{U \in \mathcal{V} \mid X \subseteq U\}$$

seine *Hülle* bzgl. $(P, \mathcal{V})$ zugeordnet. Das Hüllensystem $(P, \mathcal{V})$ heißt *einfach*, falls sowohl die leere Menge als auch sämtliche 1-elementigen Teilmengen von P in $\mathcal{V}$ enthalten sind; in diesem Fall bildet $\mathcal{V}$ bzgl. der Mengeninklusion einen atomistischen, vollständigen Verband (mit den 1-elementigen Teilmengen von P als Atomen). Ein *Morphismus* zwischen Hüllensystemen $(P, \mathcal{V})$ und $(P', \mathcal{V}')$ ist erklärt als Abbildung von P nach P', für die die Urbildmenge eines Vertreters aus $\mathcal{V}'$ stets in $\mathcal{V}$ liegt. Jeder Morphismus φ von $(P, \mathcal{V})$ nach $(P', \mathcal{V}')$ induziert die residuierte Abbildung

$$\hat{\varphi} : \mathcal{V} \dashrightarrow \mathcal{V}', \quad U \mapsto {}_{\mathcal{V}'}\langle \varphi(U) \rangle;$$

im Falle einfacher Hüllensysteme bildet $\hat{\varphi}$ die Atome von $\mathcal{V}$ auf Atome von $\mathcal{V}'$ ab.

Umgekehrt gelangt man von jedem atomistischen, vollständigen Verband $\mathtt{V}$ zu einem einfachen Hüllensystem $(P, \mathcal{V})$, wenn man P als Menge der Atome von $\mathtt{V}$ wählt und

$$\mathcal{V} := \{P(x) \mid x \in \mathtt{V}\}$$

setzt.

Bezeichnet P' die Menge der Atome eines weiteren atomistischen, vollständigen Verbandes $\mathtt{V}'$, so induziert jede residuierte Abbildung $\varphi : \mathtt{V} \dashrightarrow \mathtt{V}'$, für die $\varphi(P) \subseteq P'$ ist, durch die Einschränkung $\varphi \mid P$ einen Morphismus von $(P, \mathcal{V})$ nach $(P', \mathcal{V}')$.

Feststellung: Die eben beschriebene Wechselwirkung zwischen den einfachen Hüllensystemen zusammen mit ihren zugehörigen Morphismen einerseits und den atomistischen, vollständigen Verbänden zusammen mit den residuierten Abbildungen, die Atome auf Atome abbilden, andererseits liefert eine kategorientheoretische Äquivalenz.

Die für atomistische, vollständige Verbände eingeführten Begriffe übertragen sich nun unmittelbar auf einfache Hüllensysteme; beispielsweise ist ein *Parallelismus* eines einfachen Hüllensystems $(P, \mathcal{V})$ definiert als Parallelismus von $\mathcal{V}$. Insbesondere ist die Kategorie der einfachen Hüllensysteme mit Parallelismus zusammen mit den *affinen Abbildungen* äquivalent zur Kategorie der π-Verbände zusammen mit den affinen Abbildungen.

Zusammenhang mit Untergruppenbüscheln: An dieser Stelle wollen wir (in unserer Terminologie) die in [Herz 77, Satz 1.5] erzielte "Darstellung" von π-Verbänden mit transitiver Gruppe von (Quasi-)translationen referieren.

Ein Untergruppenbüschel $\mathcal{C}$ einer beliebigen Gruppe $\mathtt{M} = (M, +, 0)$ heiße *schnittabgeschlossen*, falls $\mathcal{C}$ ein Hüllensystem auf M ist, welches $\{0\}$ enthält.

Satz 3: *Die π-Verbände mit atomtransitiver Gruppe von Quasitranslationen (Translationen) entsprechen – bis auf Isomorphie – genau den schnittabgeschlossenen Untergruppenbüscheln (Normalteilerbüscheln) von Gruppen.*

Um die enge Beziehung zu Satz 1 aufzuzeigen, merken wir zum Beweis von Satz 3 das Folgende an: Ist ein π-Verband $(\mathtt{V}, \|)$ mit atomtransitiver Gruppe T von Quasitranslationen gegeben, so wähle man ein Atom p von $\mathtt{V}$ und setze

$$\mathcal{C} := \{T_x \mid x \in \mathtt{V} \text{ mit } p \leqslant x\},$$

wobei T_x den Stabilisator von x in T bezeichne, d.h.

$$T_x := \{\tau \in T \mid \tau(x) = x\},$$

für alle $x \in \mathtt{V}$; dann ist $\mathcal{C}$ ein schnittabgeschlossenes Untergruppenbüschel von T. Ist andererseits ein schnittabgeschlossenes Untergruppenbüschel $\mathcal{C}$ einer Gruppe $\mathtt{M} = (M, +, 0)$ gegeben, so setze man

$$\begin{aligned} \mathtt{V} &:= \{p + C \mid p \in M, C \in \mathcal{C}\} \cup \{\emptyset\} && \text{(Abb. 16)}, \\ \| &:= \{(p + C, q + C) \mid p, q \in M, C \in \mathcal{C}\} && \text{und} \\ T &:= \{\tau_p \mid p \in M\}, \end{aligned}$$

wobei $\tau_p : M \to M$, $x \mapsto p + x$ für alle $p \in M$; dann ist $(\mathtt{V}, \|)$ ein π-Verband mit atomtransitiver Gruppe T von Quasitranslationen. □

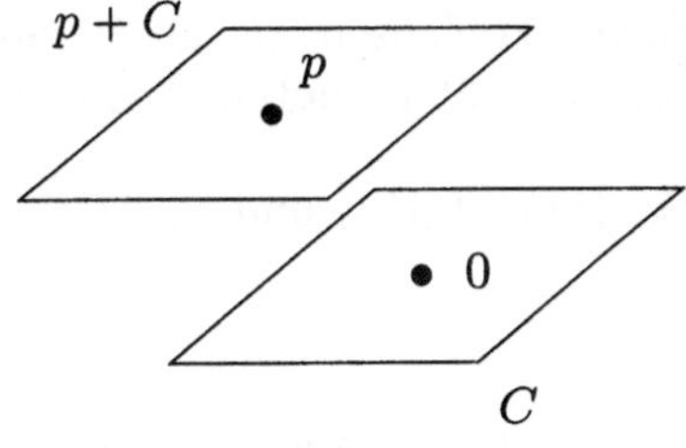

Abb. 16

Zusammenhang mit Äquivalenzrelationenbüscheln: Ähnlich wie Liniensysteme mit Parallelismus (vgl. Satz 2), erlauben auch beliebige einfache Hüllensysteme mit Parallelismus eine "Darstellung" durch Äquivalenzrelationenbüschel. Ein Äquivalenzrelationenbüschel $\mathcal{C}$ auf einer Menge P heiße *schnittabgeschlossen*, falls $\mathcal{C}$ ein Hüllensystem auf $P \times P$ ist, welches die Gleichheitsrelation auf P enthält; für jedes $X \subseteq P$ sei dann

$$\Theta_{\mathcal{C}}(X) := \bigcap \{\Theta \in \mathcal{C} \mid X \times X \subseteq \Theta\}$$

gesetzt. $\mathcal{C}$ ist *regulär*, falls für $x \in P$ und $\Phi, \Psi \in \mathcal{C}$ aus $[x]\Phi = [x]\Psi$ stets $\Phi = \Psi$ folgt.

Satz 4: *Für eine beliebige Menge P stehen die einfachen Hüllensysteme mit Parallelismus, die P als Grundmenge besitzen, in 1-1deutiger Beziehung zu den regulären, schnittabgeschlossenen Äquivalenzrelationenbüscheln auf P.*

Analog zum Beweis von Satz 2 merken wir zum Beweis von Satz 4 das Folgende an: Ist ein einfaches Hüllensystem $(P, \mathcal{V})$ mit Parallelismus $\parallel$ gegeben, so setze man

$$\begin{aligned} \mathcal{C} &:= \{\Theta(U) \mid U \in \mathcal{V} \setminus \{\emptyset\}\}, \quad \text{wobei} \\ \Theta(U) &:= \{(p,q) \in P \times P \mid \nu\langle\{p,q\}\rangle \subseteq_{\parallel} U\} \end{aligned}$$

für alle $U \in \mathcal{V} \setminus \{\emptyset\}$ sei; dann ist $\mathcal{C}$ ein reguläres, schnittabgeschlossenes Äquivalenzrelationenbüschel auf P (mit $\Theta_{\mathcal{C}}(U) = \Theta(U)$ für alle $U \in \mathcal{V} \setminus \{\emptyset\}$).

Ist andererseits ein reguläres, schnittabgeschlossenes Äquivalenzrelationenbüschel $\mathcal{C}$ auf P gegeben, so setze man

$$\begin{aligned} \mathcal{V} &:= \{[p]\Theta \mid p \in P, \Theta \in \mathcal{C}\} \cup \{\emptyset\} \quad \text{und} \\ \parallel &:= \{([p]\Theta, [q]\Theta) \mid p, q \in P, \Theta \in \mathcal{C}\}; \end{aligned}$$

dann ist $(P, \mathcal{V})$ ein einfaches Hüllensystem mit Parallelismus $\parallel$.

Es ist nun leicht nachzuprüfen, daß die eben erklärten Zuordnungen

$$(P, \mathcal{V}, \parallel) \mapsto (P, \mathcal{C}) \quad \text{und} \quad (P, \mathcal{C}) \mapsto (P, \mathcal{V}, \parallel)$$

zueinander invers sind. □

Sind $(P, \mathcal{C})$ und $(P', \mathcal{C}')$ schnittabgeschlossene Äquivalenzrelationenbüschel, so definiere man einen *Morphismus* von $(P, \mathcal{C})$ nach $(P', \mathcal{C}')$ als Abbildung $\varphi : P \to P'$, für die für $p, q \in P$ und $X \subseteq P$ aus $(p,q) \in \Theta_{\mathcal{C}}(X)$ stets $(\varphi(p), \varphi(q)) \in \Theta_{\mathcal{C}'}(\varphi(X))$ folgt.

Die Herleitung von Satz 4 erlaubt nunmehr folgende kategorientheoretische Kennzeichnung: Die Kategorie der einfachen Hüllensysteme mit Parallelismus zusammen mit den affinen Abbildungen ist kanonisch äquivalent zur Kategorie der regulären, schnittabgeschlossenen Äquivalenzrelationenbüschel zusammen mit den zugehörigen Morphismen.

Zusammenhang mit P-Verbänden:[10] Ein *P-Verband* sei definiert als Paar (Λ, h), welches aus einem vollständigen Verband Λ und einem Koatom h von Λ besteht[11] derart, daß

(i) für $x, y \in \Lambda \setminus \Lambda(h)$ mit $y \not\leqslant x$ stets ein Atom in $\Lambda(y)$ existiert, welches nicht in $\Lambda(x) \cup \Lambda(h)$ liegt, und

(ii) für jedes Atom p aus Λ, welches nicht in $\Lambda(h)$ liegt, (p, h) ein modulares Paar und (h, p) ein dual-modulares Paar in Λ bildet. [12]

Sind (Λ, h) und (Λ', h') P-Verbände, so definieren wir einen *Morphismus* von (Λ, h) nach (Λ', h') als residuierte Abbildung $\varphi : \Lambda \to \Lambda'$, für die $\varphi(h) \leqslant h'$ gilt und die Atome aus Λ, welche nicht in $\Lambda(h)$ liegen, stets in Atome aus Λ' überführt, welche nicht in $\Lambda'(h')$ liegen. Ein regulärer Morphismus, d.h. ein Isomorphismus, von (Λ, h) nach (Λ', h') ist dann als Ordnungsisomorphismus von Λ nach Λ' gekennzeichnet, der h auf h' abbildet.

Wir wollen jetzt aufzeigen, daß die Kategorie der π-Verbände mit den affinen Abbildungen als Morphismen kanonisch äquivalent ist zur Kategorie der P-Verbände mit den zugehörigen Morphismen:

Zu jedem π-Verband $(\mathtt{V}, \|)$ gehört folgender P-Verband (Λ, h), den wir auch als den *kleinen projektiven Abschluß* von $(\mathtt{V}, \|)$ bezeichnen, und zwar sei

$$\Lambda := \mathtt{V} \cup \{\pi(x) \,|\, x \in \mathtt{V}\setminus\{0\}\} \quad \text{mit} \quad \pi(x) := \{y \in \mathtt{V} \,|\, x \parallel y\}$$

für alle $x \in \mathtt{V}\setminus\{0\}$ – wobei 0 mit der Menge P aller Atome von $\mathtt{V}$ identifiziert werde (also $0 \equiv \pi(p) = P$ für alle $p \in P$)[13]; die Ordnung $\leqslant$ von $\mathtt{V}$ werde auf Λ durch

$$\pi(x) \leqslant y \quad \text{und} \quad \pi(x) \leqslant \pi(y)$$

für alle $x, y \in \mathtt{V}\setminus\{0\}$ mit $x \leqslant\!\| \, y$ fortgesetzt; ferner sei $h := \pi(1) = \{1\}$.

---

[10]Die im folgenden beschriebene Beziehung von π-Verbänden und P-Verbänden wird in [SchSpre 94] auf eine Beziehung von *Verbänden mit Teilparallelismus* und Verbänden mit ausgezeichnetem modularem Koatom ausgedehnt.

[11]D.h. h ist maximal in $\Lambda \setminus \{1\}$.

[12]D.h. es gilt $(x \vee p) \wedge h = x$ und $(y \wedge h) \vee p = y$ für alle $x, y \in \Lambda$ mit $x \leqslant h$ und $p \leqslant y$.

[13]D.h. 0 wird mit der Menge P (als Parallelklasse eines Atoms von $\mathtt{V}$) aber *nicht* mit den Elementen von P identifiziert!

Umgekehrt ist jedem P-Verband (Λ, h) in natürlicher Weise ein π-Verband $(\mathtt{V}, \|)$ zugeordnet, wenn man

$$\mathtt{V} := \{x \in \Lambda \mid x \nleq h\} \cup \{0\}$$

(mit der von Λ induzierten Ordnung) und

$$\| := \{(x, y) \mid x, y \in \mathtt{V} \backslash \{0\} \text{ mit } x \wedge h = y \wedge h\}$$

setzt.

Sind $(\mathtt{V}, \|)$ bzw. $(\mathtt{V}', \|')$ π-Verbände mit zugehörigen P-Verbänden (Λ, h) bzw. (Λ', h'), so gehört zu einer affinen Abbildung φ von $(\mathtt{V}, \|)$ nach $(\mathtt{V}', \|')$ der Morphismus $\hat{\varphi}$ von (Λ, h) nach (Λ', h') definiert durch

$$\hat{\varphi} \mid \mathtt{V} := \varphi \mid \mathtt{V} \quad \text{und} \quad \hat{\varphi}(\pi(x)) := \pi'(\varphi(x))$$

für alle $x \in \mathtt{V} \backslash \{0\}$. Andererseits wird jedem Morphismus zwischen P-Verbänden durch seine Einschränkung auf die zugehörigen π-Verbände eine affine Abbildung zugeordnet.

Man überzeugt sich nun leicht, daß die angegebenen Zuordnungen eine kategorientheoretische Äquivalenz zwischen den π-Verbänden und den P-Verbänden nachsichziehen. Es sei hier noch angemerkt, daß unter dieser Äquivalenz die algebraischen π-Verbände genau den algebraischen P-Verbänden entsprechen.

Zusammenfassend erhalten wir schließlich folgenden

Äquivalenzsatz 2: *Die nachstehenden Kategorien sind kanonisch äquivalent:*

— *die P-Verbände*

— *die π-Verbände*

— *die einfachen Hüllensysteme mit Parallelismus*

— *die regulären, schnittabgeschlossenen Äquivalenzrelationenbüschel.*

4 Affine Verbände

Wir kommen jetzt zur verbandstheoretischen Grundlegung einer "allgemeinen affinen Geometrie":

Definition 2: *Unter einem* affinen Verband *verstehen wir einen algebraischen π-Verband* $(\mathtt{V}, \|)$, *der zusätzlich folgenden Bedingungen genügt:*

(AV1) *Für Atome p, q, r von* $\mathtt{V}$ *existiert stets ein Atom s von* $\mathtt{V}$ *mit*

$$\pi(r \mid p \vee q) = r \vee s \qquad \textit{(Abb. 17).}$$

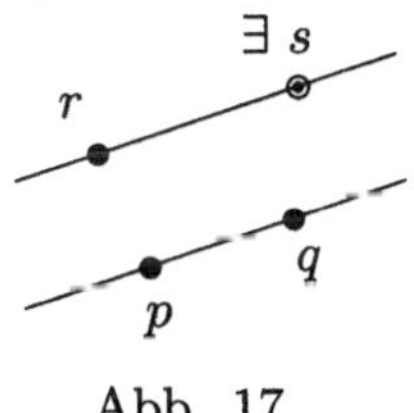

Abb. 17

(AV2) *Für Atome p, q, r von* $\mathtt{V}$ *und $x \in \mathtt{V} \setminus \{0\}$ folgt aus $p \leqslant x$ und $r \leqslant q \vee x$ stets*

$$(p \vee q) \wedge \pi(r \mid x) \neq 0 \qquad \textit{(Abb. 18).}$$

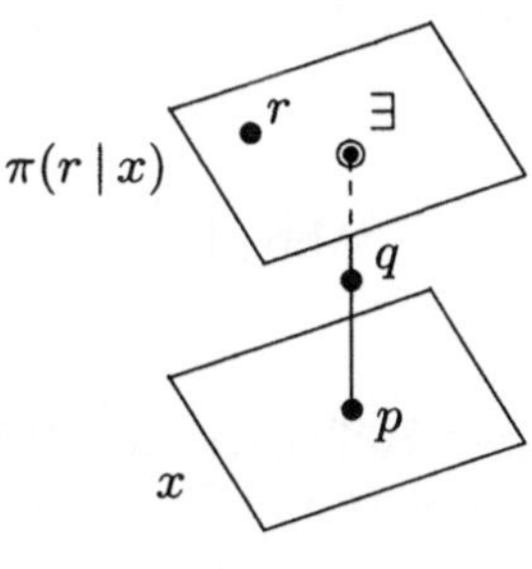

Abb. 18

Ein affiner Verband heiße *klassisch*, falls er die *Austauscheigenschaft* hat (d.h. für beliebige Verbandsatome p, q und jedes Verbandselement x folgt aus $p \leqslant q \vee x$ bereits $p \leqslant x$ oder $q \leqslant p \vee x$).

Anmerkung 2: Für einen klassischen affinen Verband ergibt sich (AV1) aus den übrigen Axiomen, und der Parallelismus ist bereits durch den Verband bestimmt, da für alle von 0 verschiedenen Verbandselemente x, y gilt: x ist teilparallel zu y genau dann, wenn $x \leqslant y$ oder $x \wedge y = 0$ ist und ein Verbandsatom p mit $x \leqslant p \vee y$ existiert. Eine rein verbandstheoretische Kennzeichnung klassischer affiner Räume findet sich u.a. in [Jóns 59] (vgl. auch [Sasa 53]).

Gemäß der kategorientheoretischen Äquivalenz von π-Verbänden und einfachen Hüllensystemen mit Parallelismus können wir unsere weiteren Erörterungen auf "affine Hüllensysteme" konzentrieren, wobei ein *affines Hüllensystem* als Tripel $(P, \mathcal{V}, \|)$ erklärt ist, für das $(P, \mathcal{V})$ ein einfaches Hüllensystem und $(\mathcal{V}, \|)$ ein affiner Verband ist.

Vereinbarung zur Notation: Ist ein einfaches Hüllensystem $(P, \mathcal{V})$ vorgegeben, so vereinbaren wir für alle $X \subseteq P$ und $T, U \in \mathcal{V}$ und $p, q \in P$ die Schreibweisen $\langle X \rangle := {}_{\mathcal{V}}\langle X \rangle$, $T \vee U := \langle T \cup U \rangle$, $p \vee U := \{p\} \vee U$ und $p \vee q := \{p\} \vee \{q\}$; ist außerdem ein Parallelismus $\|$ auf $\mathcal{V}$ ausgezeichnet, so sei

$$\pi(p \,|\, U) := \pi(\{p\} \,|\, U) \quad \text{und} \quad \pi(T \,|\, U) := \bigcup \{\pi(t \,|\, U) \,|\, t \in T\}$$

für alle $p \in P$ und $T, U \in \mathcal{V} \backslash \{\emptyset\}$ gesetzt (Abb. 19).

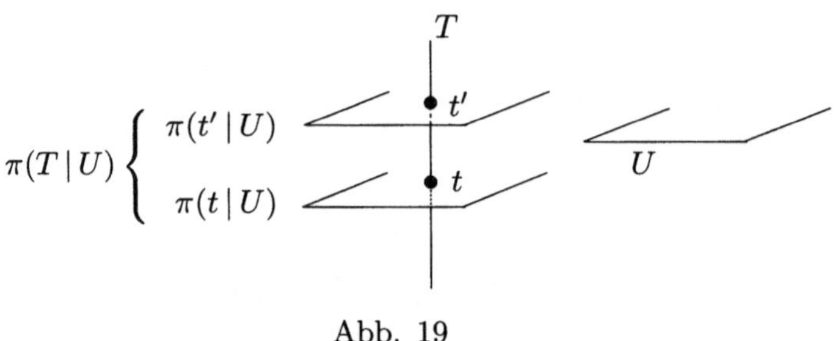

Abb. 19

Bemerkung 2: Ein einfaches Hüllensystem $(P, \mathcal{V})$ mit Parallelismus $\|$ erfüllt (AV2) genau dann, wenn für $p, q \in P$ und $U \in \mathcal{V}$ mit $p \in U$ stets gilt:[14]

$$\pi(p \vee q \,|\, U) = q \vee U.$$

[14] (AV2) ist somit äquivalent zur Bedingung, daß $\pi(p \vee q \,|\, U) \in \mathcal{V}$ für alle $p, q \in P$ und $U \in \mathcal{V}$ mit $p \in U$ gilt.

Wir wollen nun affine Hüllensysteme durch Äquivalenzrelationenbüschel kennzeichnen. Ein Äquivalenzrelationenbüschel $\mathcal{C}$ auf einer Menge P heiße *affin-vollständig*, falls es den folgenden Bedingungen genügt:

(i) $\mathcal{C}$ bildet einen vollständigen Unterverband des Verbandes aller Äquivalenzrelationen auf P.

(ii) $\mathcal{C}$ besteht aus paarweise kommutierenden Äquivalenzrelationen (d.h. $\Phi \circ \Psi = \Psi \circ \Phi$ gilt für alle $\Phi, \Psi \in \mathcal{C}$).

(iii) $\mathcal{C}$ ist *2-homogen*, d.h. zu $p, q, r \in P$ existiert stets ein $s \in P$ mit[15]

$$\Theta_{\mathcal{C}}(p,q) = \Theta_{\mathcal{C}}(r,s).$$

Wir stellen fest, daß jedes affin-vollständige Äquivalenzrelationenbüschel regulär ist (da es 2-homogen ist) und einen algebraischen Verband bildet (da vollständige Unterverbände algebraischer Verbände wieder algebraisch sind).

Anmerkung 3: Ein 2-homogenes schnittabgeschlossenes Äquivalenzrelationenbüschel $\mathcal{C}$ auf einer Menge P ist affin-vollständig genau dann, wenn $\mathcal{C}$ (bzgl. der Mengeninklusion) einen algebraischen Verband bildet und für $\Phi, \Psi \in \mathcal{C}$ stets $\Phi \circ \Psi \in \mathcal{C}$ gilt.[16]

Wir klären jetzt den Zusammenhang mit affinen Hüllensystemen:

Satz 5: *Für eine beliebige Menge P stehen die affinen Hüllensysteme, die P als Grundmenge besitzen, in 1-1deutiger Beziehung zu den affin-vollständigen Äquivalenzrelationenbüscheln.*

Beweis: Wir zeigen, daß durch die im Beweis von Satz 4 angegebenen Zuordnungen die affinen Hüllensysteme auf P genau in die affin-vollständigen Äquivalenzrelationenbüschel auf P überführt werden:

Teil A: Sei zuerst $(P, \mathcal{V}, \|)$ ein vorgegebenes affines Hüllensystem und

$$\mathcal{C} := \{\Theta(U) \mid U \in \mathcal{V} \backslash \{\emptyset\}\}$$

das zugehörige schnittabgeschlossene Äquivalenzrelationenbüschel, also

$$\Theta(U) := \{(p,q) \in P \times P \mid p \vee q \subseteq\| U\}$$

[15] $\Theta_{\mathcal{C}}(p,q)$ bezeichnet den kleinsten Vertreter aus $\mathcal{C}$, der (p,q) enthält (d.h. $\Theta_{\mathcal{C}}(p,q) = \Theta_{\mathcal{C}}(\{p,q\})$).

[16] Insbesondere liefert eine Algebra, wie in Beispiel 2 aufgeführt, durch ihren Kongruenzverband stets ein affin-vollständiges Kongruenzrelationenbüschel.

für alle $U \in \mathcal{V}\backslash\{\emptyset\}$; dann ist $\Theta_{\mathcal{C}}(X) = \Theta(\langle X\rangle)$ und $\Theta_{\mathcal{C}}(p,q) = \Theta(p \vee q)$ für alle $X \subseteq P$ mit $X \neq \emptyset$ und $p,q \in P$. Offensichtlich bildet $\mathcal{C}$ einen algebraischen Verband (da $\mathcal{V}$ ein algebraischer Verband ist). Für den Nachweis, daß $\mathcal{C}$ affin-vollständig ist, genügt es nun,

$$\Theta(T) \circ \Theta(U) = \Theta(T \vee U)$$

für alle $T, U \in \mathcal{V}$ mit $T \cap U \neq \emptyset$ zu verifizieren (man beachte: $\Theta(T) = \Theta(\pi(p\,|\,T))$ für alle $p \in P$ und $T \in \mathcal{V}\backslash\{\emptyset\}$); hierzu einige Überlegungen:

(1) Es ist $\pi(p\,|\,T) \vee \pi(p\,|\,U) = \pi(p\,|\,T \vee U)$ für alle $p \in P$ und $T, U \in \mathcal{V}\backslash\{\emptyset\}$ mit $T \cap U \neq \emptyset$.

Denn: Anwendung des Monotoniegesetzes (M) ergibt sofort die Inklusion „$\subseteq$“. Andererseits sei $q \in T \cap U$; es folgt (wieder nach dem Monotoniegesetz), daß T und U also auch $T \vee U$ in $\pi(q\,|\,\pi(p\,|\,T) \vee \pi(p\,|\,U))$ enthalten sind, und also ist $\pi(p\,|\,T \vee U) \subseteq \pi(p\,|\,T) \vee \pi(p\,|\,U)$.

(2) Es ist $\pi(p\,|\,t \vee U) = \pi(\pi(p\,|\,t \vee u)\,|\,U)$ für alle $p, t, u \in P$ und $U \in \mathcal{V}$ mit $u \in U$.

Denn: Nach (AV1) existiert ein $q \in P$ mit $\pi(p\,|\,t \vee u) = p \vee q$; nach (1) und Bemerkung 2 folgt dann

$$\begin{aligned}\pi(p\,|\,t \vee U) &= \pi(p\,|\,(t \vee u) \vee U) = \pi(p\,|\,t \vee u) \vee \pi(p\,|\,U)\\ &= q \vee \pi(p\,|\,U) = \pi(p \vee q\,|\,\pi(p\,|\,U)) = \pi(\pi(p\,|\,t \vee u)\,|\,U).\end{aligned}$$

(3) Es ist $\Theta(t \vee u) \circ \Theta(U) = \Theta(t \vee U)$ für alle $t, u \in P$ und $U \in \mathcal{V}$ mit $u \in U$.

Denn: Offensichtlich gilt „$\subseteq$“. Auf der anderen Seite ist für $(p,q) \in \Theta(t \vee U)$ stets $q \in \pi(p\,|\,t \vee U) = \pi(\pi(p\,|\,t \vee u)\,|\,U)$ nach (2); also existiert ein $r \in \pi(p\,|\,t \vee u)$ mit $q \in \pi(r\,|\,U)$, d.h. $(p,r) \in \Theta(t \vee u)$ und $(r,q) \in \Theta(U)$, und es folgt $(p,q) \in \Theta(t \vee u) \circ \Theta(U)$.

(4) Es ist $\Theta(\langle X\rangle) \circ \Theta(U) = \Theta(\langle X\rangle \vee U)$ für jede endliche Teilmenge X von P und jedes $U \in \mathcal{V}$ mit $U \cap X \neq \emptyset$.

Begründung durch Induktion nach $|X|$: Für $|X| = 1$ ist (4) trivialerweise erfüllt; sei also $|X| \geqslant 2$ und wähle ein $u \in X \cap U$ und ein $t \in X \setminus \{u\}$. Für $Y := X \setminus \{t\}$ und $W := \langle Y\rangle \vee U$ gelte nach Induktionsannahme $\Theta(\langle Y\rangle) \circ \Theta(U) = \Theta(W)$; durch (2-malige) Anwendung von (3) erhalten wir dann

$$\begin{aligned}\Theta(\langle X\rangle) \circ \Theta(U) &= (\Theta(t \vee u) \circ \Theta(\langle Y\rangle)) \circ \Theta(U) = \Theta(t \vee u) \circ (\Theta(\langle Y\rangle) \circ \Theta(U))\\ &= \Theta(t \vee u) \circ \Theta(W) = \Theta(t \vee W) = \Theta(\langle X\rangle \vee U).\end{aligned}$$

(5) Es ist $\Theta(T) \circ \Theta(U) = \Theta(T \vee U)$ für alle $T, U \in \mathcal{V}$ mit $T \cap U \neq \emptyset$.

Denn: Offensichtlich gilt „$\subseteq$". Da $\mathcal{C}$ einen algebraischen Verband bildet, existiert andererseits für $(p,q) \in \Theta(T \vee U)$ stets eine endliche Teilmenge X von T mit $X \cap U \neq \emptyset$ derart, daß $(p,q) \in \Theta(\langle X \rangle \vee U)$ ist; nach (4) folgt

$$(p,q) \in \Theta(\langle X \rangle) \circ \Theta(U) \subseteq \Theta(T) \circ \Theta(U).$$

Teil B: Sei nun $\mathcal{C}$ ein vorgegebenes affin-vollständiges Äquivalenzrelationenbüschel auf P und $(P, \mathcal{V}, \|)$ das zugehörige einfache Hüllensystem mit Parallelismus, also

$$\begin{aligned} \mathcal{V} &:= \{[p]\Theta \,|\, p \in P\,,\, \Theta \in \mathcal{C}\} \cup \{\emptyset\} \quad \text{und} \\ \| &:= \{([p]\Theta, [q]\Theta) \,|\, p, q \in P, \Theta \in \mathcal{C}\}. \end{aligned}$$

Offensichtlich ist dann $\mathcal{V}$ ein algebraischer Verband (da $\mathcal{C}$ einen algebraischen Verband bildet) und $(\mathcal{V}, \|)$ erfüllt (AV1), da $\mathcal{C}$ 2-homogen ist, wobei man beachte, daß $\pi(r \,|\, p \vee q) = [r]\Theta_{\mathcal{C}}(p,q)$ für alle $p, q, r \in P$ gilt.

Zu zeigen bleibt (AV2) für $(\mathcal{V}, \|)$: Seien $p, q, r \in P$ und $U \in \mathcal{V}$ mit $p \in U$ und $r \in q \vee U$. Es folgt

$$\Theta_{\mathcal{C}}(p,q) \circ \Theta_{\mathcal{C}}(U) = \Theta_{\mathcal{C}}(\{q\} \cup U)$$

(da für $\Phi, \Psi \in \mathcal{C}$ stets $\Phi \circ \Psi \in \mathcal{C}$), und wegen $r \in q \vee U = [q]\Theta_{\mathcal{C}}(\{q\} \cup U)$ ergibt sich dann $(q,r) \in \Theta_{\mathcal{C}}(p,q) \circ \Theta_{\mathcal{C}}(U)$, d.h. es existiert ein $s \in P$ mit $(q,s) \in \Theta_{\mathcal{C}}(p,q)$ und $(s,r) \in \Theta_{\mathcal{C}}(U)$. Also ist

$$s \in [q]\Theta_{\mathcal{C}}(p,q) = p \vee q \quad \text{und} \quad s \in [r]\Theta_{\mathcal{C}}(U) = \pi(r \,|\, U),$$

und wir erhalten $(p \vee q) \cap \pi(r \,|\, U) \neq \emptyset$. □

Anmerkung 4: **(a)** Ist $(P, \mathcal{V})$ ein einfaches Hüllensystem mit Parallelismus $\|$, so gilt für alle $p, q \in P$ und $U \in \mathcal{V}$ mit $p \in U$ offenbar

$$\pi(q \,|\, U) = \{x \in P \,|\, \pi(p \,|\, q \vee x) \subseteq U\} \quad \text{(Abb. 20)}.$$

Sogesehen ist jeder Parallelismus durch seine *Wirkung* auf die "Linienmenge" $\{p \vee q \,|\, p, q \in P \text{ mit } p \neq q\}$ bestimmt; dabei ist jedoch nicht garantiert, daß die Parallele zu einer "Linie" durch einen Punkt stets wieder eine "Linie" ist. Dies gewährleistet erst ein Axiom wie (AV1).

(b) Für ein einfaches Hüllensystem $(P, \mathcal{V})$ und $p \in P$ bezeichne

$$\mathcal{V}_p := \{U \in \mathcal{V} \,|\, p \in U\}$$

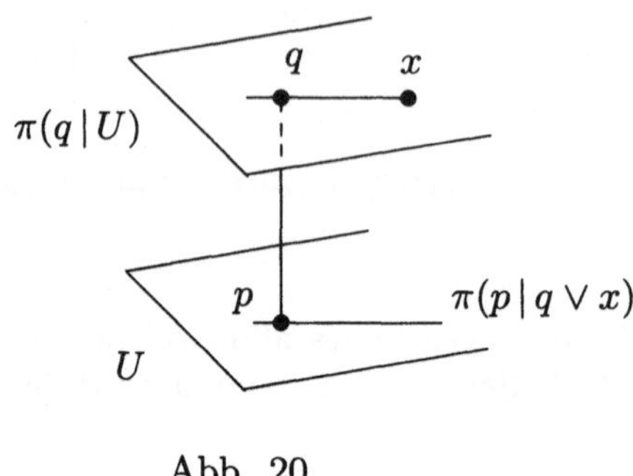

Abb. 20

das "Büschel" von $\mathcal{V}$ durch p. Ist dann $\|$ ein Parallelismus auf $\mathcal{V}$ und $\mathcal{C}$ das zu $(P, \mathcal{V}, \|)$ gehörige Äquivalenzrelationenbüschel auf P, so wird durch die Zuordnung

$$\mathcal{V}_p \to \mathcal{C}, \quad U \mapsto \Theta(U)$$

(bzgl. der Mengeninklusion) ein Ordnungsisomorphismus definiert. Setzt man nun $(P, \mathcal{V}, \|)$ als affin voraus, so ist $\mathcal{C}$ nach dem letzten Satz ein Verband kommutierender Äquivalenzrelationen und als solcher *arguesisch* – und insbesondere *modular* (vgl. [Jóns 54]); damit ist dann auch $\mathcal{V}_p$ ein arguesischer Verband. Als Ergebnis können wir jetzt formulieren:

Für jeden affinen Verband $(\mathtt{V}, \|)$ *und jedes Atom* p *von* $\mathtt{V}$ *ist*

$$\mathtt{V}_p := \{x \in \mathtt{V} \mid p \leqslant x\}$$

ein arguesischer und insbesondere modularer Verband.

Die Herleitung von Satz 5 impliziert den

Äquivalenzsatz 3: *Die nachstehenden Kategorien sind kanonisch äquivalent:*

— *die affinen Verbände*

— *die affinen Hüllensysteme*

— *die affin-vollständigen Äquivalenzrelationenbüschel.*

Im folgenden erläutern wir die Beziehung affiner Verbände zu Untergruppenbüscheln. Ein Untergruppenbüschel $\mathcal{C}$ einer beliebigen Gruppe $\mathtt{M} = (M, +, 0)$ heiße *affin-vollständig*, falls es einen vollständigen Unterverband des Verbandes aller Untergruppen von $\mathtt{M}$ bildet und aus paarweise kommutierenden Untergruppen besteht (d.h. $U + W = W + U$ für alle $U, W \in \mathcal{C}$). Es ist anzumerken, daß ein schnittabgeschlossenes Untergruppenbüschel $\mathcal{C}$ von $\mathtt{M}$ genau dann affin-vollständig ist, wenn $\mathcal{C}$ einen algebraischen Verband bildet und für $U, W \in \mathcal{C}$ stets $U + W \in \mathcal{C}$ ist. Ferner sind die affin-vollständigen Normalteilerbüschel von $\mathtt{M}$ genau durch die vollständigen Unterverbände des Normalteilerverbandes von $\mathtt{M}$ gegeben. Aus den Beweisen zu Satz 5 und Satz 3 folgert man leicht

Satz 6: *Die affinen Verbände mit atomtransitiver Gruppe von Quasitranslationen (Translationen) entsprechen – bis auf Isomorphie – genau den affin-vollständigen Untergruppenbüscheln (Normalteilerbüscheln) von Gruppen.*

5 Affine Hüllensysteme und affine Liniensysteme

Im folgenden werden wir auf den Zusammenhang affiner Hüllensysteme und affiner Liniensysteme eingehen. Zuerst umreißen wir zwei allgemeine Problemstellungen:

(A) Das (lineare) Restriktionsproblem: Ist $(P, \mathcal{V})$ ein einfaches Hüllensystem mit Parallelismus $\|$, so ist die *lineare Restriktion* von $(P, \mathcal{V}, \|)$ als Tripel $(P, \mathcal{G}, \|_{\mathcal{G}})$ definiert vermittels

$$\begin{aligned} \mathcal{G} &:= \{p \vee q \,|\, p, q \in P \text{ mit } p \neq q\} \quad \text{und} \\ \|_{\mathcal{G}} &:= \| \cap \mathcal{G} \times \mathcal{G}. \end{aligned}$$

Im allgemeinen bildet weder $(P, \mathcal{G})$ ein Liniensystem noch erfüllt $(P, \mathcal{G}, \|_{\mathcal{G}})$ das euklidische Parallelenpostulat (LE). Die Frage, wann $(P, \mathcal{G}, \|_{\mathcal{G}})$ ein Liniensystem mit Parallelismus ist, hat die folgende Antwort: Ein einfaches Hüllensystem mit Parallelismus erfüllt Axiom (AV1) genau dann, wenn seine lineare Restriktion ein Liniensystem mit Parallelismus ist. Beispielsweise erfüllt jedes einfache Hüllensystem mit Parallelismus und punkttransitiver Menge regulärer Dilatationen das Axiom (AV1). Per definitionem genügt ferner jedes affine Hüllensystem (AV1) und hat daher eine positive Lösung des "linearen Restriktionsproblems".

(B) Das (lineare) Fortsetzungsproblem: Jedem Liniensystem $(P, \mathcal{G})$ mit Parallelismus $\|$ wird vermittels des Systems $\mathcal{V}$ aller affinen Linearmengen von $(P, \mathcal{G}, \|)$ das einfache Hüllensystem $(P, \mathcal{V})$ zugeordnet; dabei ist eine *affine Linearmenge* von $(P, \mathcal{G}, \|)$ definiert als Teilmenge U von P, für die aus $p, q, r \in U$ stets

$$\pi(p \,|\, q \vee r) \subseteq U$$

folgt. Es existiert aber nicht in jedem Falle ein Parallelismus $\|_{\mathcal{V}}$ auf $\mathcal{V}$, der $\|$ fortsetzt, d.h. für den $\|_{\mathcal{V}} \cap \mathcal{G} \times \mathcal{G} = \|$ gilt. Festzuhalten ist außerdem, daß $\|$ höchstens eine Fortsetzung auf $\mathcal{V}$ besitzt: denn hat $\|$ die Fortsetzung $\|_{\mathcal{V}}$, so gilt

$$\begin{aligned} \|_{\mathcal{V}} &= \{(T, \pi_{\mathcal{V}}(a \,|\, T)) \,|\, T \in \mathcal{V} \backslash \{\emptyset\}, a \in P\} \quad \text{und} \\ \pi_{\mathcal{V}}(a \,|\, T) &= \{x \in P \,|\, \pi(p \,|\, a \vee x) \subseteq T\} \end{aligned}$$

für alle $p, a \in P$ und $T \in \mathcal{V}$ mit $p \in T$ (vgl. Anmerkung 4(a)).

Ein einfaches Hüllensystem $(P, \mathcal{V})$ mit Parallelismus heiße *linear induziert*, falls seine lineare Restriktion ein Linensystem mit Parallelismus ist, dessen zugehöriges System affiner Linearmengen durch $\mathcal{V}$ gegeben ist. Ferner nennen wir ein Liniensystem mit Parallelismus *linear fortsetzbar*, wenn es die lineare Restriktion eines linear induzierten Hüllensystems mit Parallelismus ist.

Anmerkung 5: Ordnet man jedem linear induzierten einfachen Hüllensystem mit Parallelismus seine lineare Restriktion zu, so werden dadurch die linear induzierten einfachen Hüllensysteme mit Parallelismus 1-1deutig auf die linear fortsetzbaren Liniensysteme mit Parallelismus bezogen.

Wir wollen nun zeigen, wie sich die affinen Hüllensysteme und die affinen Liniensysteme in den beschriebenen Zusammenhang einordnen.

Aussage 1: *Die lineare Restriktion jedes affinen Hüllensystems ist ein affines Liniensystem.*

Beweis: Sei $(P, \mathcal{V}, \|)$ ein affines Hüllensystem und $(P, \mathcal{G}, \|_{\mathcal{G}})$ die zugehörige lineare Restriktion, welche wegen (AV1) bereits ein Liniensystem mit Parallelismus ist. Zur Herleitung des Dreiecksaxioms (Δ^{Δ}) zeigen wir zunächst:

(1) Für alle $a, b, c, d, e \in P$ mit $a \vee b \parallel c \vee d$ ist $\pi(a \,|\, c \vee e) \subseteq a \vee \pi(b \,|\, d \vee e)$.

Denn: Unter Anwendung des Monotonieaxioms hat man für $U := a \vee \pi(b \,|\, d \vee e)$ wegen $U = \pi(b \,|\, c \vee d) \vee \pi(b \,|\, d \vee e)$ sofort $c \vee d \subseteq \pi(d \,|\, U)$ und $d \vee e \subseteq \pi(d \,|\, U)$. Also ist $c \vee e \subseteq \pi(d \,|\, U)$, und es folgt (wieder nach dem Monotonieaxiom) $\pi(a \,|\, c \vee e) \subseteq U$.

(2) $(P, \mathcal{G}, \|_{\mathcal{G}})$ erfüllt (Δ^{Δ}).

Denn: Gegeben seien $p, q, r, a, b \in P$ mit $a \vee b \subseteq\!\| \, p \vee q$; nach (AV1) existieren $c, d \in P$ mit $\pi(a \,|\, p \vee q) = a \vee c$ und $\pi(a \,|\, p \vee r) = a \vee d$. Nach (1) folgt $c \in a \vee \pi(d \,|\, q \vee r)$; nach Axiom (AV2) existiert dann ein $e \in (a \vee d) \cap \pi(c \,|\, q \vee r)$. Hieraus ergibt sich – wieder nach (AV2) – wegen $b \in a \vee c \subseteq a \vee \pi(c \,|\, q \vee r)$ nunmehr $(a \vee e) \cap \pi(b \,|\, q \vee r) \neq \emptyset$ und somit $\pi(a \,|\, p \vee r) \cap \pi(b \,|\, q \vee r) \neq \emptyset$ (Abb. 21). □

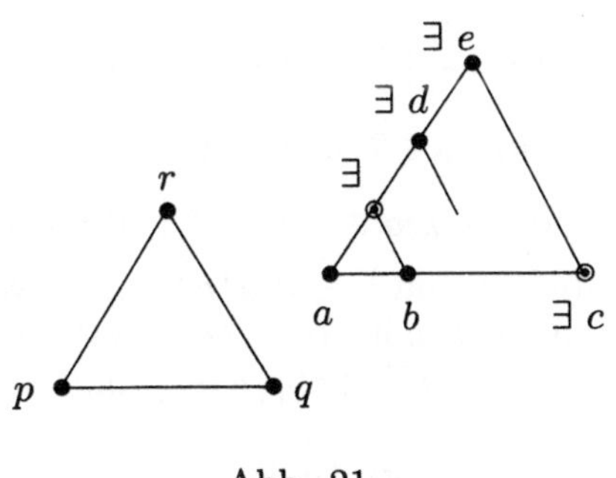

Abb. 21

Aussage 2: *Jedes affine Hüllensystem ist linear induziert.*

Beweis: Sei $(P, \mathcal{V}, \|)$ ein affines Hüllensystem und $(P, \mathcal{G}, \|_{\mathcal{G}})$ das zugehörige affine Liniensystem; ferner bezeichne $\mathcal{A}$ das System aller affinen Linearmengen von $(P, \mathcal{G}, \|_{\mathcal{G}})$. Wir zeigen, daß die einfachen Hüllensysteme $(P, \mathcal{V})$ und $(P, \mathcal{A})$ gleich sind; nachzuprüfen ist also die Gültigkeit von ${}_{\mathcal{V}}\langle X\rangle = {}_{\mathcal{A}}\langle X\rangle$ für alle $X \subseteq P$. Vorbereitend zeigen wir:

(1) Es ist $\pi(a \,|\, U) \subseteq {}_{\mathcal{A}}\langle\{a\} \cup U\rangle$ für alle $a \in P$, $U \in \mathcal{V}\backslash\{\emptyset\}$.

Denn: Wähle $b \in U$ fest; für $p \in \pi(a \,|\, U)$ folgt nach dem Monotonieaxiom wegen $a \vee p \subseteq \pi(a \,|\, U)$ stets $\pi(b \,|\, a \vee p) \subseteq U$ und daher $p \in {}_{\mathcal{A}}\langle\{a\} \cup \pi(b \,|\, a \vee p)\rangle \subseteq {}_{\mathcal{A}}\langle\{a\} \cup U\rangle$.

(2) Es ist ${}_{\mathcal{V}}\langle X\rangle = {}_{\mathcal{A}}\langle X\rangle$ für alle $X \subseteq P$.

Denn: Da $\mathcal{V}$ und $\mathcal{A}$ algebraische Verbände bilden, genügt es, (2) für jede endliche Teilmenge X von P zu beweisen; wir machen eine vollständige Induktion nach $|X|$: Für $|X| \leqslant 1$ ist (2) trivialerweise erfüllt. Sei daher $|X| \geqslant 2$, und wähle $a \in X$ und $b \in Y := X \setminus \{a\}$. Offensichtlich ist $\mathcal{V} \subseteq \mathcal{A}$, also ${}_{\mathcal{A}}\langle X\rangle \subseteq {}_{\mathcal{V}}\langle X\rangle$; zu zeigen bleibt daher ${}_{\mathcal{V}}\langle X\rangle \subseteq {}_{\mathcal{A}}\langle X\rangle$: Für jedes $p \in {}_{\mathcal{V}}\langle X\rangle$ existiert nach (AV2) ein $q \in (a \vee b) \cap \pi(p \,|\, {}_{\mathcal{V}}\langle Y\rangle)$; es folgt $p \in \pi(q \,|\, {}_{\mathcal{V}}\langle Y\rangle) \subseteq {}_{\mathcal{A}}\langle\{q\} \cup {}_{\mathcal{V}}\langle Y\rangle\rangle$ nach (1). Nach Induktionsannahme ist ${}_{\mathcal{V}}\langle Y\rangle = {}_{\mathcal{A}}\langle Y\rangle \subseteq {}_{\mathcal{A}}\langle X\rangle$; hieraus ergibt sich wegen $q \in a \vee b \subseteq {}_{\mathcal{A}}\langle X\rangle$ schließlich $p \in {}_{\mathcal{A}}\langle\{q\} \cup {}_{\mathcal{V}}\langle Y\rangle\rangle \subseteq {}_{\mathcal{A}}\langle X\rangle$. □

Aussage 3: *Jedes affine Liniensystem ist linear fortsetzbar.*

Beweis: Sei $\mathcal{V}$ das System der affinen Linearmengen eines vorgegebenen affinen Liniensystems $(P, \mathcal{G}, \|)$. Dann ist $(P, \mathcal{V})$ ein einfaches Hüllensystem, und es bleibt die Fortsetzbarkeit von $\|$ zu einem Parallelismus auf $\mathcal{V}$ zu beweisen. Zuerst setzen wir

$$\pi_p(a \,|\, T) := \{x \in P \,|\, \pi(p \,|\, a \vee x) \subseteq T\}$$

für alle $p, a \in P$ und $T \in \mathcal{V}$ mit $p \in T$ und zeigen:

(1) Es ist $\pi_p(a \,|\, T) \in \mathcal{V}$ für alle $p, a \in P$ und $T \in \mathcal{V}$ mit $p \in T$.

Denn: Seien $b, c, d \in \pi_p(a \,|\, T)$ und $e \in \pi(d \,|\, b \vee c)$; zu verifizieren ist dann $e \in \pi_p(a \,|\, T)$: Wähle zuerst ein $q \in P$ mit $\pi(p \,|\, b \vee c) = p \vee q$; nach dem Dreiecksaxiom (Δ^{Δ}) gibt es dann ein $r \in \pi(p \,|\, a \vee b) \cap \pi(q \,|\, a \vee c)$, und es folgt

$$q \in \pi(r \,|\, a \vee c) \subseteq T$$

(da $r \in \pi(p \,|\, a \vee b) \subseteq T$ und also $\pi(r \,|\, a \vee c) = \pi(r \,|\, \pi(p \,|\, a \vee c)) \subseteq T$ wegen $\pi(p \,|\, a \vee c) \subseteq T$). Daher ist $\pi(p \,|\, b \vee c) = p \vee q \subseteq T$. Man wähle nun ein $s \in P$ mit $\pi(p \,|\, e \vee a) = p \vee s$; nach dem Dreiecksaxiom (Δ^{Δ}) gibt es dann ein $t \in \pi(s \,|\, e \vee d) \cap \pi(p \,|\, a \vee d)$ (Abb. 22).

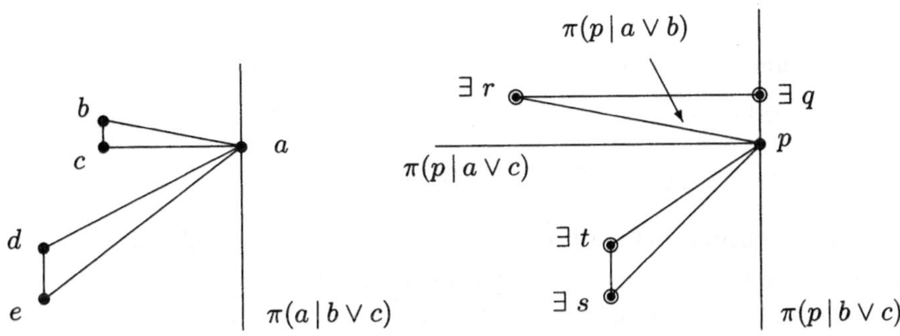

Abb. 22

Insbesondere ist $t \in T$, und wegen $e \vee d \subseteq \pi(d\,|\,b \vee c)$ ergibt sich ferner $\pi(p\,|\,e \vee d) \subseteq \pi(p\,|\,b \vee c) \subseteq T$ (letztere Inklusion wurde schon weiter oben gezeigt); also gilt $s \in \pi(t\,|\,e \vee d) = \pi(t\,|\,\pi(p\,|\,e \vee d)) \subseteq T$. Es folgt nunmehr $\pi(p\,|\,a \vee e) = p \vee s \subseteq T$, d.h. $e \in \pi_p(a\,|\,T)$.

(2) Es ist $\pi_p(a\,|\,T) = \pi_q(a\,|\,T)$ für alle $p, q, a \in P$ und $T \in \mathcal{V}$ mit $p, q \in T$.

Denn: Zu zeigen genügt „$\subseteq$“: Ist $x \in \pi_p(a\,|\,T)$, so folgt $\pi(p\,|\,a \vee x) \subseteq T$ und damit $\pi(q\,|\,a \vee x) = \pi(q\,|\,\pi(p\,|\,a \vee x)) \subseteq T$, d.h. $x \in \pi_q(a\,|\,T)$.

Aufgrund von (2) können wir $\pi(a\,|\,T) := \pi_p(a\,|\,T)$ setzen für alle $p, a \in P$ und $T \in \mathcal{V}$ mit $p \in T$. Offensichtlich gilt dann:

(3) Für $a \in P$ und $S, T \in \mathcal{V}\backslash\{\emptyset\}$ folgt aus $S \subseteq T$ stets $\pi(a\,|\,S) \subseteq \pi(a\,|\,T)$.

(4) Für alle $a, b, x \in P$ und $T \in \mathcal{V}\backslash\{\emptyset\}$ ist $\pi(a\,|\,b \vee x) \subseteq \pi(a\,|\,T)$ genau dann, wenn $x \in \pi(b\,|\,T)$ gilt.

Denn: Wähle $p \in T$ und $y \in P$ mit $\pi(a\,|\,b \vee x) = a \vee y$. Ist $\pi(a\,|\,b \vee x) \subseteq \pi(a\,|\,T)$ vorausgesetzt, so folgt $y \in \pi(a\,|\,T)$ und daher $\pi(p\,|\,b \vee x) = \pi(p\,|\,a \vee y) \subseteq T$, also $x \in \pi(b\,|\,T)$.

Umgekehrt impliziert $x \in \pi(b\,|\,T)$ stets $\pi(p\,|\,a \vee y) = \pi(p\,|\,b \vee x) \subseteq T$ und daher $y \in \pi(a\,|\,T)$, also $\pi(a\,|\,b \vee x) = a \vee y \subseteq \pi(a\,|\,T)$ nach (1).

Aus (4) ergibt sich

(5) Für $a, b \in P$ und $T \in \mathcal{V}\backslash\{\emptyset\}$ ist stets $\pi(b\,|\,\pi(a\,|\,T)) = \pi(b\,|\,T)$.

(6) Für $a, b \in P$ und $T \in \mathcal{V}\backslash\{\emptyset\}$ folgt aus $b \in \pi(a\,|\,T)$ stets $\pi(b\,|\,T) = \pi(a\,|\,T)$.

Denn: Sei $b \in \pi(a\,|\,T)$; dann ist auch $a \in \pi(b\,|\,T)$, und es genügt $\pi(a\,|\,T) \subseteq \pi(b\,|\,T)$ zu zeigen: Für $x \in \pi(a\,|\,T)$ folgt aus (1) stets $b \vee x \subseteq \pi(a\,|\,T)$, und aus (3) und (5) ergibt sich dann $b \vee x = \pi(b\,|\,b \vee x) \subseteq \pi(b\,|\,\pi(a\,|\,T)) = \pi(b\,|\,T)$.

(7) Auf $\mathcal{V}$ wird durch

$$\|_{\mathcal{V}} := \{(T, \pi(a\,|\,T))\,|\,T \in \mathcal{V}\setminus\{\emptyset\}, a \in P\}$$

ein Parallelismus definiert, der $\|$ fortsetzt (da $\| = \|_{\mathcal{V}} \cap \mathcal{G} \times \mathcal{G}$).

Denn: **(a)** Durch $\|_{\mathcal{V}}$ ist eine Äquivalenzrelation auf $\mathcal{V}\setminus\{\emptyset\}$ gegeben:
(a1) Es ist $\pi(a\,|\,T) = \pi_a(a\,|\,T) = T$ für alle $T \in \mathcal{V}\setminus\{\emptyset\}$ und $a \in T$; also ist $\|_{\mathcal{V}}$ reflexiv.
(a2) Aus $T \,\|_{\mathcal{V}}\, U$ folgt $U = \pi(a\,|\,T)$ für ein $a \in P$; für jedes $b \in T$ ergibt sich dann $T = \pi(b\,|\,T) = \pi(b\,|\,\pi(a\,|\,T)) = \pi(b\,|\,U)$ nach (5), und man erhält $U \,\|_{\mathcal{V}}\, T$; also ist $\|_{\mathcal{V}}$ symmetrisch.
(a3) Aus $S \,\|_{\mathcal{V}}\, T$ und $T \,\|_{\mathcal{V}}\, U$ folgt $T = \pi(a\,|\,S)$ und $U = \pi(b\,|\,T)$ für geeignete $a, b \in P$, und aus (5) ergibt sich $U = \pi(b\,|\,\pi(a\,|\,S)) = \pi(b\,|\,S)$, d.h. $S \,\|_{\mathcal{V}}\, U$; also ist $\|_{\mathcal{V}}$ transitiv.
(b) Es genügt $(\mathcal{V}, \|_{\mathcal{V}})$ dem euklidischen Parallelenpostulat (E): Sei $T \in \mathcal{V}\setminus\{\emptyset\}$ und $a \in P$. Dann gilt für $U := \pi(a\,|\,T)$ gerade $a \in U$ und $T \,\|_{\mathcal{V}}\, U$. Für $U' \in \mathcal{V}$ mit $a \in U'$ und $T \,\|_{\mathcal{V}}\, U'$ existiert stets ein $a' \in P$ mit $U' = \pi(a'\,|\,T)$; wegen $a \in \pi(a'\,|\,T)$ folgt nach (6) bereits $U = \pi(a\,|\,T) = \pi(a'\,|\,T) = U'$. Es ist also $\pi(a\,|\,T)$ die eindeutig bestimmte Parallele durch $\{a\}$ zu T, d.h. $\pi_{\mathcal{V}}(a\,|\,T) = \pi(a\,|\,T)$.
(c) Es genügt $(\mathcal{V}, \|_{\mathcal{V}})$ dem Monotoniegesetz (M): Für $a \in P$ und $T, U \in \mathcal{V}\setminus\{\emptyset\}$ mit $T \subseteq U$ folgt nach (3) und (7)(b) stets $\pi_{\mathcal{V}}(a\,|\,T) \subseteq \pi_{\mathcal{V}}(a\,|\,U)$. □

Aus dem Beweis von Aussage 3 erhalten wir noch folgendes

Kriterium 1: *Ist $\mathcal{S} = (P, \mathcal{G}, \|)$ ein beliebig vorgegebenes Liniensystem mit Parallelismus, so gilt: $\mathcal{S}$ ist genau dann linear fortsetzbar, wenn für Punkte p, a aus $\mathcal{S}$ und eine affine Linearmenge T von $\mathcal{S}$ mit $p \in T$ stets auch*

$$\bigcup\{l \in \mathcal{G}_a\,|\,\pi(p\,|\,l) \subseteq T\}$$

eine affine Linearmenge von $\mathcal{S}$ ist.

Aussage 4: *Ein einfaches Hüllensystem mit Parallelismus ist bereits ein affines Hüllensystem, wenn es linear induziert ist und seine lineare Restriktion ein affines Liniensystem bildet.*

Beweis: Sei $(P, \mathcal{V}, \|)$ ein linear induziertes einfaches Hüllensystem mit Parallelismus, dessen lineare Restriktion $(P, \mathcal{G}, \|_{\mathcal{G}})$ ein affines Liniensystem bildet. Wie schon festgestellt wurde, erfüllt dann $(\mathcal{V}, \|)$ offensichtlich (AV1). Nachzuweisen bleibt also (AV2) für $(\mathcal{V}, \|)$, d.h. wir müssen $\pi(p \vee q \,|\, U) = q \vee U$ bzw. $\pi(p \vee q \,|\, U) \in \mathcal{V}$ für alle $p, q \in P$ und $U \in \mathcal{V}$ mit $p \in U$ zeigen (vgl. Bemerkung 2). Da $(P, \mathcal{V}, \|)$ linear induziert ist, reduziert sich nun der Beweis von (AV2) auf die Herleitung der folgenden

Behauptung: Es ist $\pi(l \,|\, U)$ eine affine Linearmenge von $(P, \mathcal{G}, \|_{\mathcal{G}})$ für alle $l \in \mathcal{G}$ und $U \in \mathcal{V}$.

Begründung: **(1)** Für $x, y \in \pi(l \,|\, U)$ und $z \in x \vee y$ ist stets $z \in \pi(l \,|\, U)$.

Denn: Seien $c, d \in l$ mit $x \in \pi(c \,|\, U)$ und $y \in \pi(d \,|\, U)$; o.B.d.A. sei dabei $c \in U$ (da $\pi(l \,|\, U) = \pi(l \,|\, U')$ für $U' := \pi(c \,|\, U)$); also ist $x \in U$ und $\pi(c \,|\, y \vee d) \subseteq U$. Nach dem Parallelogrammaxiom (▱) existiert ein $y' \in \pi(c \,|\, y \vee d) \cap \pi(y \,|\, c \vee d)$; insbesondere ist dann $y' \in U$. Ferner existiert nach dem Lenzaxiom (◿) ein $z' \in (x \vee y') \cap \pi(z \,|\, y \vee y')$; insbesondere ist dann $z' \in x \vee y' \subseteq U$. Schließlich existiert nach dem Parallelogrammaxiom (▱) ein $e \in \pi(c \,|\, z \vee z') \cap \pi(z \,|\, c \vee z')$ (Abb. 23).

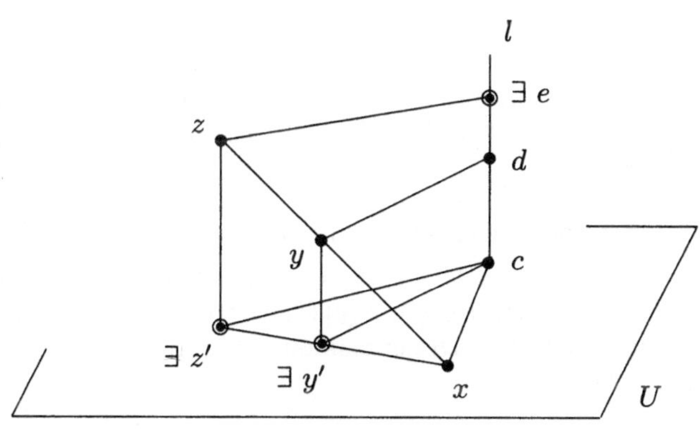

Abb. 23

Es folgt $e \in \pi(c \,|\, z \vee z') \subseteq l$ (da $z \vee z' \subseteq\!\| \; y \vee y' \subseteq\!\| \; c \vee d \subseteq l$) und $\pi(c \,|\, e \vee z) \subseteq c \vee z' \subseteq U$ (da $c, z' \in U$); also ist $z \in \pi(e \,|\, U) \subseteq \pi(l \,|\, U)$.

(2) Für $k \in \mathcal{G}$ mit $k \subseteq \pi(l \,|\, U)$ ist stets $\pi(k \,|\, U) \subseteq \pi(l \,|\, U)$.

Denn: Zu beliebigem $p \in k$ existiert wegen $k \subseteq \pi(l \,|\, U)$ ein $q \in l$ mit $p \in \pi(q \,|\, U)$. Folglich ist $\pi(p \,|\, U) = \pi(q \,|\, U)$, und (2) ist evident.

(3) Für $l' \in \mathcal{G}$ mit $l' \parallel l$ und $l' \cap \pi(l \,|\, U) \neq \emptyset$ gilt stets $l' \subseteq \pi(l \,|\, U)$.

Denn: Sei $c \in l' \cap \pi(l \,|\, U)$; dann existieren $d \in l'$ und $p \in l$ derart, daß $c \vee d = l'$

und $c \in \pi(p \mid U)$ gilt. Nach dem Parallelogrammaxiom ($\square$) existiert ein $q \in \pi(d \mid p \vee c) \cap \pi(p \mid d \vee c)$ (Abb. 24).

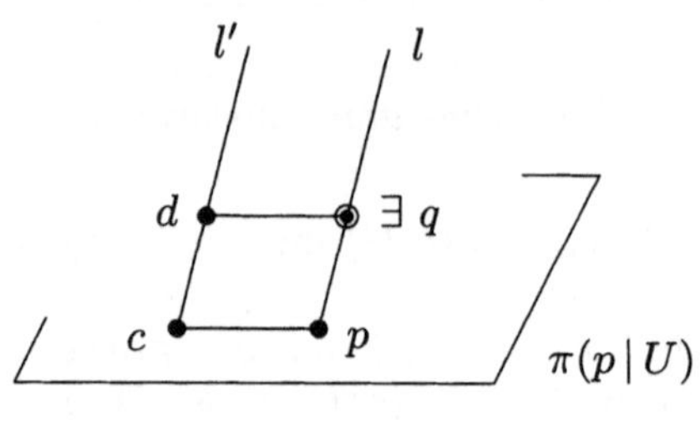

Abb. 24

Wegen $p \vee c \subseteq \pi(p \mid U)$ folgt nun sofort $d \vee q \subseteq \pi(q \mid p \vee c) \subseteq \pi(q \mid U)$; ferner ist $q \in l$ (da $p \vee q \subseteq\parallel c \vee d = l' \parallel l$ und $p \in l$). Also sind $c, d \in \pi(l \mid U)$, woraus sich nach (1) direkt $l' = c \vee d \subseteq \pi(l \mid U)$ ergibt.

(4) Für $l' \in \mathcal{G}$ mit $l' \parallel l$ und $l' \cap \pi(l \mid U) \neq \emptyset$ gilt sogar $\pi(l' \mid U) = \pi(l \mid U)$.

Denn: Nach (2) und (3) folgt $\pi(l' \mid U) \subseteq \pi(l \mid U)$, und hieraus ergibt sich (4) aus Symmetriegründen (da $l' \cap \pi(l \mid U) \neq \emptyset$ zu $l \cap \pi(l' \mid U) \neq \emptyset$ äquivalent ist).

(5) Für beliebige $a \in P$ und $k \in \mathcal{G}$ mit $\{a\} \cup k \subseteq \pi(l \mid U)$ gilt $\pi(a \mid k) \subseteq \pi(l \mid U)$, d.h. $\pi(l \mid U)$ ist affine Linearmenge von $(P, \mathcal{G}, \parallel_{\mathcal{G}})$.

Denn: Wähle $b, c, d \in P$ mit $a \vee b = \pi(a \mid k)$ und $c \vee d = k$; setze dann $l' := \pi(a \mid l)$ und $l'' := \pi(c \mid l)$. Aus (4) folgt $d \in k \subseteq \pi(l \mid U) = \pi(l'' \mid U)$; also existiert ein $p \in l''$ mit $d \in \pi(p \mid U)$, und nach dem Dreiecksaxiom (Δ^{Δ}) gibt es ein $q \in \pi(a \mid c \vee p) \cap \pi(b \mid d \vee p)$ (Abb. 25).

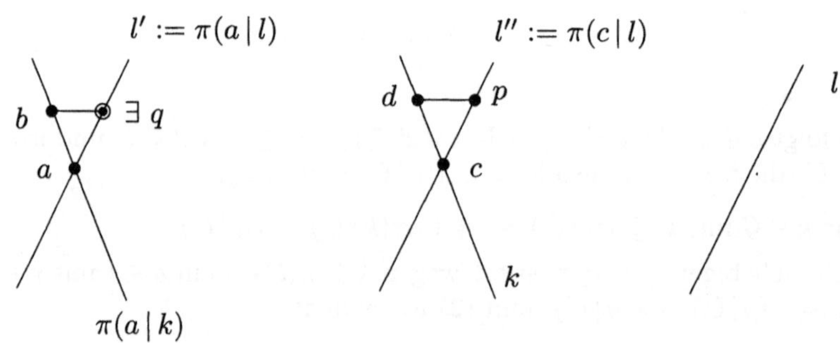

Abb. 25

Insbesondere ist $q \in \pi(a \,|\, c \vee p) \subseteq l'$ und $q \in \pi(b \,|\, d \vee p) \subseteq \pi(b \,|\, U)$ (da $d \vee p \subseteq \pi(p \,|\, U)$), und es ergibt sich $b \in \pi(q \,|\, U) \subseteq \pi(l' \,|\, U) = \pi(l \,|\, U)$ (letzteres wieder nach (4)). Aus $a, b \in \pi(l \,|\, U)$ folgt nun nach (1) gerade $\pi(a \,|\, k) = a \vee b \subseteq \pi(l \,|\, U)$. □

Nach Aussage 1 und 2 ist jedes affine Hüllensystem linear induziert durch ein affines Liniensystem, und nach Aussage 3 und 4 ist jedes affine Liniensystem linear fortsetzbar zu einem affinen Hüllensystem. Zusammen mit Anmerkung 5 ergibt sich nun

Satz 7: *Die affinen Hüllensysteme entsprechen 1-1deutig den affinen Liniensystemen.*

Dieser Satz erlaubt auch eine kategorientheoretische Formulierung, und wir erhalten (unter Berücksichtigung der Äquivalenzsätze 1 und 3) als

Resümee 1: *Die nachstehenden Kategorien sind kanonisch äquivalent:*

— *die affinen Verbände*

— *die affinen Hüllensysteme*

— *die affinen Liniensysteme*

— *die affin-linearen Äquivalenzrelationenbüschel*

— *die affin-vollständigen Äquivalenzrelationenbüschel.*

[illegible]

Nach Aussage 1 und 2 [illegible] Hüllensystem [illegible] induziert durch [illegible] Aussage 3 und 4 ist jedes [illegible] fortsetzbar zu einem affinen Hüllensystem. Zusammen mit [illegible] ergibt sich [illegible]

Satz 7. Die affinen Hüllensysteme [illegible]

[illegible]

Teil II

Teil II

6 Affine Räume

Zu jedem Modul[17] $_RM$ gehört das affine Liniensystem $\mathcal{S} := (M, \mathcal{G}, \|)$ mit

$$\begin{aligned} \mathcal{G} &:= \{a + Rc \mid a \in M, c \in M \setminus \{0\}\} \quad \text{und} \\ \| &:= \{(a + Rc, b + Rc) \mid a, b \in M, c \in M \setminus \{0\}\}. \end{aligned}$$

Ist $_RM$ ein Vektorraum, so bildet $\mathcal{S}$ gerade den zu $_RM$ gehörigen *affinen Raum*. Die Definition der *Unabhängigkeit* von Punkten stellt in diesem Falle kein Problem dar: je zwei verschiedene Punkte sind unabhängig; drei nicht auf einer Linie gelegene Punkte sind unabhängig usw.. Im allgemeinen Falle jedoch läßt sich in $\mathcal{S}$ kein adäquater Begriff zur Beschreibung der Unabhängigkeit von Punkten definieren. Das liegt insbesondere an der Problematik, die Unabhängigkeit für je zwei Punkte von $\mathcal{S}$ entscheiden zu können. Wir lösen dieses Problem, indem wir zu $\mathcal{S}$ eine sogenannte *Unabhängigkeitsrelation* $\%$ hinzufügen vermittels

$$\% := \{(p, q) \in M \times M \mid \lambda p \neq \lambda q \text{ für alle } \lambda \in R \setminus \{0\}\}.$$

Anmerkung 6: Eine geometrische Definition von $\%$ ist möglich, wenn in $\mathcal{S}$ der Dilatationsmonoid D aller Abbildungen der Form $M \to M, x \mapsto \lambda x + c$ mit $\lambda \in R$ und $c \in M$ ausgezeichnet ist: Für beliebige Punkte p, q aus $\mathcal{S}$ gilt nämlich $p \% q$ genau dann, wenn p und q nur durch die konstanten Abbildungen aus D miteinander identifiziert werden. Zu beachten ist, daß D einen Untermonoid des Monoids aller Dilatationen von $\mathcal{S}$ darstellt, welcher nicht notwendig in $\mathcal{S}$ ableitbar ist.

Im weiteren wollen wir das oben erklärte Quadrupel $\mathcal{A}(_RM) := (M, \mathcal{G}, \|, \%)$ den *zu $_RM$ gehörigen affinen Raum* nennen. In Verallgemeinerung dessen geben wir nun eine axiomatische Grundlegung affiner Räume. Vorweg vereinbaren wir für jedes Liniensystem $(P, \mathcal{G})$ mit Parallelismus $\|$: Es sei $\nparallel$ die Menge aller nichtparallelen Linienpaare von $(P, \mathcal{G}, \|)$; ferner bezeichne $\#$ die Menge aller *aparallelen* Linienpaare von $(P, \mathcal{G}, \|)$, d.h.

$$\# := \{(k, l) \in \mathcal{G} \times \mathcal{G} \mid \pi(p \mid k) \cap \pi(p \mid l) = \{p\} \text{ für alle } p \in P\}.$$

Nach dem Monotonieaxiom (LM) sind zwei Linien k, l aus $\mathcal{G}$ offensichtlich genau dann aparallel, d.h. $k \# l$, wenn es *ein* $p \in P$ mit $\pi(p \mid k) \cap \pi(p \mid l) = \{p\}$ gibt (Abb. 26).

---

[17] Wir betrachten nur unitäre Linksmoduln über assoziativen Ringen mit Einselement (wobei noch $1 \neq 0$ vorausgesetzt sei).

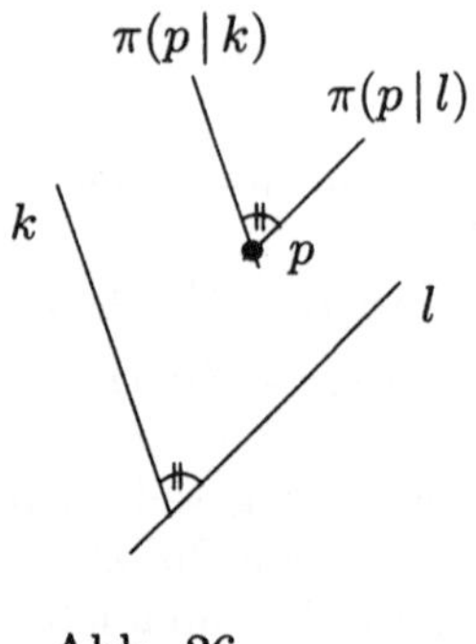

Abb. 26

Definition 3: *Unter einem* affinen Raum *verstehen wir ein Quadrupel* $(P, \mathcal{G}, \|, \%)$ *bestehend aus einem affinen Liniensystem* $(P, \mathcal{G}, \|)$ *und einer* Unabhängigkeitsrelation $\%$ *auf* $(P, \mathcal{G}, \|)$, *d.h.* $\%$ *ist eine antireflexive, symmetrische binäre Relation auf* P, *die folgenden Bedingungen genügt:*

(U1) Für $p, q, r \in P$ mit $p \,\%\, q$ existiert stets ein $s \in P$ mit $r \,\%\, s$ und $\pi(r\,|\,p \vee q) = r \vee s$ (Abb. 27).

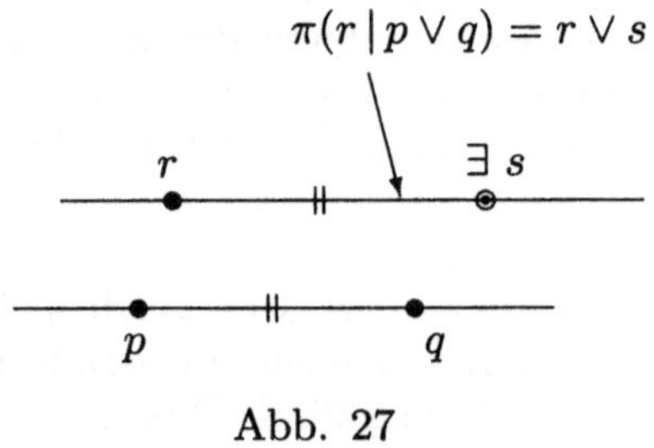

Abb. 27

(U2) Für $p, p', q \in P$ und $l \in \mathcal{G}$ mit $p, p' \in l$ folgt aus $p \,\%\, q$ und $p \vee q \# l$ stets $p' \,\%\, q$ und $p' \vee q \# l$ (Abb. 28).

Offensichtlich ist jeder zu einem Modul gehörige affine Raum auch ein affiner Raum im eben definierten Sinne. Ein affiner Raum heiße *klassisch*, falls je zwei verschiedene seiner Punkte unabhängig sind und auf genau einer Linie liegen. Zwei affine Räume sind *isomorph*, falls es eine affine Kollineation zwischen den zugrundeliegenden affinen Liniensystemen gibt, für die Bild und Urbild unabhängiger Punktepaare stets wieder unabhängig ist; wir sprechen dann auch von einer *affinen Kollineation zwischen den affinen Räumen*.

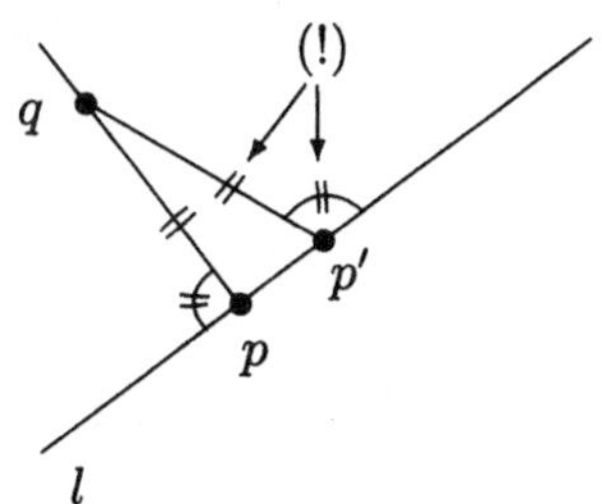

Abb. 28

Eine affine Kollineation zwischen affinen Räumen $(P, \mathcal{G}, \|, \%)$ und $(P', \mathcal{G}', \|', \%')$ ist also gekennzeichnet als Bijektion von P nach P', die Bijektionen von $\mathcal{G}$ nach $\mathcal{G}'$, $\|$ nach $\|'$ und $\%$ nach $\%'$ induziert. Sind $\mathcal{A}$ und $\mathcal{A}'$ isomorphe affine Räume, so schreiben wir $\mathcal{A} \simeq \mathcal{A}'$. Wir nennen einen affinen Raum $\mathcal{A}$ *modulinduziert*, falls es einen Modul ${}_RM$ mit $\mathcal{A} \simeq \mathcal{A}({}_RM)$ gibt. Nach dem Darstellungssatz für klassische affine Räume ist jeder klassische affine Raum, der ein nichtparalleles Linienpaar enthält, vektorrauminduziert.

Ist $\mathcal{A} := (P, \mathcal{G}, \|, \%)$ ein affiner Raum und $\mathcal{V}$ das System der affinen Linearmengen von $(P, \mathcal{G}, \|)$, so nennen wir eine Teilmenge X von P *unabhängig* in $\mathcal{A}$, falls für $p, q \in X$ mit $p \neq q$ stets $p \% q$ und $(p \vee q) \cap {}_{\mathcal{V}}\langle X \setminus \{q\} \rangle = \{p\}$ ist (Abb. 29); ist zusätzlich ${}_{\mathcal{V}}\langle X \rangle = P$, so heißt X eine *Basis* von $\mathcal{A}$; wir sagen dann, daß $\mathcal{A}$ die *Dimension* $|X| - 1$ hat. Nicht jeder affine Raum hat eine Dimension, noch ist diese, wenn vorhanden, notwendig eindeutig bestimmt.

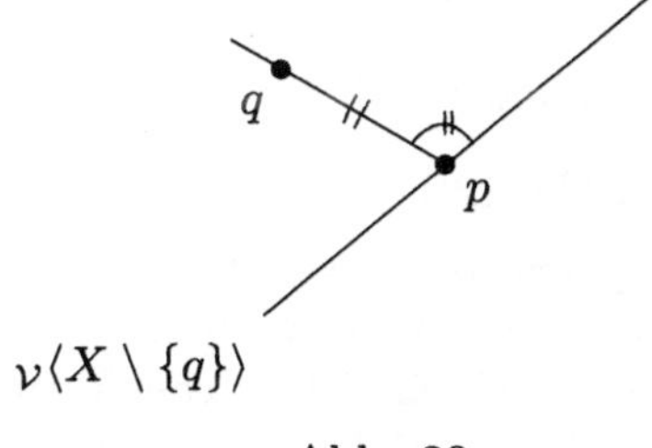

Abb. 29

Bemerkung 3: Ist $\mathcal{A} := (P, \mathcal{G}, \|, \%)$ ein affiner Raum, so gilt für alle $o \in P$ und $X \subseteq P$ mit $o \in X$:

(a) Es ist X unabhängig in $\mathcal{A}$ genau dann, wenn $o \% p$ und $(o \vee p) \cap \langle X \setminus \{p\} \rangle = \{o\}$ für alle $p \in X \setminus \{o\}$ ist.

(b) Sind p, q verschiedene Elemente aus $X \setminus \{o\}$ und ist X unabhängig in $\mathcal{A}$, so ist auch $(X \setminus \{p\}) \cup \{p'\}$ unabhängig in $\mathcal{A}$ für alle $p' \in \pi(p \,|\, o \vee q)$ (Abb. 30).

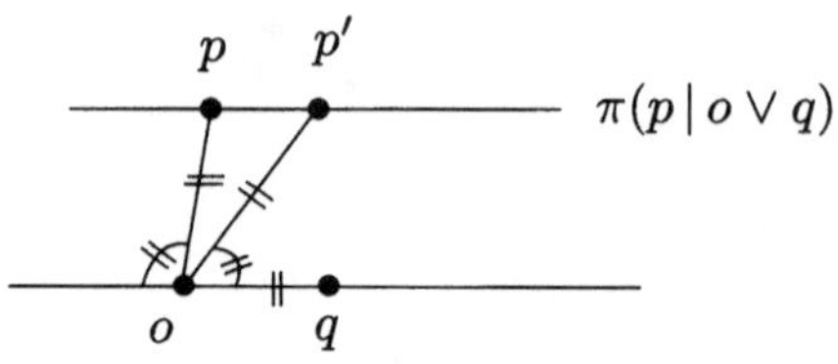

Abb. 30

Beweis: Bezeichne $\mathcal{V}$ das System aller affinen Linearmengen von $(P, \mathcal{G}, \|)$; nach Satz 7 ist dann $(P, \mathcal{V}, \|)$ ein affines Hüllensystem, und nach Anmerkung 4(b) ist daher $\mathcal{V}_p$ ein modularer Verband für alle $p \in P$. Dies werden wir im folgenden implizit verwenden.

Zu **(a)**: Seien $p, q \in X$ mit $p \neq q$, $o \,\%\, p$, $o \,\%\, q$ und $(o \vee p) \cap \langle X \setminus \{p\} \rangle = \{o\}$. Für den Nachweis von (a) genügt es nun, $p \,\%\, q$ und $(p \vee q) \cap \langle X \setminus \{q\} \rangle = \{p\}$ zu zeigen: Da $o \,\%\, p$ und $o \vee p \,\#\, o \vee q$ ist, folgt $p \,\%\, q$ nach (U2); ferner ergibt sich aus $o \,\%\, q$ und $o \vee q \,\#\, o \vee p$ nach (U2) gerade

$$\begin{aligned} p \vee q \,\#\, o \vee p &= (o \vee p) \vee ((o \vee q) \cap \langle X \setminus \{q\} \rangle) \\ &= (o \vee p \vee q) \cap \langle X \setminus \{q\} \rangle, \end{aligned}$$

also ist $\{p\} = (p \vee q) \cap (o \vee p) = (p \vee q) \cap \langle X \setminus \{q\} \rangle$.

Zu **(b)**: Sei X unabhängig in $\mathcal{A}$ und $p' \in l := \pi(p \,|\, o \vee q)$; setze dann

$$X' := (X \setminus \{p\}) \cup \{p'\} \quad \text{und} \quad T_r := \langle X' \setminus \{r\} \rangle$$

für alle $r \in X' \setminus \{o\}$. Da $o \,\%\, p$ und $o \vee p \,\#\, l$ ist, folgt (wegen $p' \in l$) nach (U2) gerade $o \,\%\, p'$ und $o \vee p' \,\#\, l$, und somit $o \vee p' \,\#\, o \vee q$.

Weiter ergibt sich aus der Unabhängigkeit von X (und da $\mathcal{V}_o$ modular ist): $(o \vee p \vee q) \cap T_{p'} = o \vee q$; also ist $(o \vee p') \cap T_{p'} = (o \vee p') \cap (o \vee q) = \{o\}$. Außerdem ist

$$(o \vee p \vee q) \cap T_q = ((o \vee p \vee q) \cap \langle X \setminus \{p, q\} \rangle) \vee p' = o \vee p'$$

und daher $(o \vee q) \cap T_q = (o \vee q) \cap (o \vee p') = \{o\}$. Für jedes $r \in X' \setminus \{o, p', q\} = X \setminus \{o, p, q\}$ gilt ferner

$$\begin{aligned} (o \vee p \vee q \vee r) \cap T_r &= ((o \vee p \vee q \vee r) \cap \langle X \setminus \{p, r\} \rangle) \vee p' \\ &= (o \vee q) \vee p' = o \vee q \vee p \end{aligned}$$

und somit $(o \vee r) \cap T_r = (o \vee r) \cap (o \vee q \vee p) = \{o\}$. Nach (a) folgt nun, daß X' unabhängig in $\mathcal{A}$ ist. □

Anmerkung 7: Aus Bemerkung 3(b) ersieht man leicht, daß für einen affinen Raum (mit punkttransitiver Gruppe von Translationen) eine Basis in unserem Sinne stets eine "reguläre Basis" gemäß [Arnold 71b, Definition 24] ist. Damit liefert das Hauptresultat aus [Arnold 71b, Satz 12] in unserem Kontext die folgende Aussage: Jeder affine Raum mit unendlicher Basis und punkttransitiver Gruppe von Translationen ist modulinduziert.[18]

Zur eben gemachten Anmerkung geben wir noch folgende Begriffsklärung: Unter *regulären Dilatationen* eines affinen Raumes verstehen wir affine Kollineationen des affinen Raumes, die reguläre Dilatationen des zugrundeliegenden affinen Liniensystems sind; in diesem Sinne verstehen wir auch den Begriff der *Translation* eines affinen Raumes.

[18]Genaugenommen setzt Arnold in [Arnold 71b, Satz 12] ein affines Liniensystem mit unendlicher "regulärer Basis" und punkttransitiver Gruppe von Translationen voraus; dabei wird die "Unabhängigkeit" von Punkten implizit über den Begriff der "regulären Basis" geregelt.

7 Modulinduzierte affine Räume

Ausgehend von einem Liniensystem $\mathcal{S} := (P, \mathcal{G})$ bezeichnen wir für jede Abbildung $\alpha : P \to P$ eine Linie l aus $\mathcal{S}$ als *α-invariant*, falls $\alpha(l) \subseteq l$ gilt; die Menge aller α-invarianten Linien von $\mathcal{S}$ nennen wir die *Spur* von α bzgl. $\mathcal{S}$, d.h.

$$\mathrm{Spur}_{\mathcal{S}}(\alpha) := \{l \in \mathcal{G} \mid \alpha(l) \subseteq l\}.$$

Ist α Prädilatation, so ergibt sich $\mathrm{Spur}_{\mathcal{S}}(\alpha) = \{l \in \mathcal{G} \mid \alpha(p) \in l \text{ für ein } p \in l\}$; die Spur einer regulären Prädilatation ist durch die Menge ihrer Fixlinien gegeben. Ist $\mathtt{M} = (M, +, 0_M)$ ein Untermonoid des Monoids aller Abbildungen von P in sich[19], so ist der *Kern* von $\mathtt{M}$ bzgl. $\mathcal{S}$ definiert durch[20]

$$\mathrm{Ker}_{\mathcal{S}}(\mathtt{M}) := \{\lambda \in \mathrm{End}(\mathtt{M}) \mid \mathrm{Spur}_{\mathcal{S}}(\alpha) \subseteq \mathrm{Spur}_{\mathcal{S}}(\lambda\alpha) \ \text{ für alle } \ \alpha \in M\} \ ;$$

für beliebige Abbildungen λ, μ von M in sich vereinbaren wir dann

$$\begin{aligned} \lambda + \mu \ &: \ M \to M, \alpha \mapsto \lambda\alpha + \mu\alpha \qquad \text{und} \\ \lambda \cdot \mu \ &: \ M \to M, \alpha \mapsto \lambda(\mu(\alpha)); \end{aligned}$$

ferner sei $0^{\mathtt{M}} : M \to M, \alpha \mapsto 0_M$ und $1^{\mathtt{M}} := \mathrm{id}_M$. Offensichtlich sind $0^{\mathtt{M}}, 1^{\mathtt{M}} \in \mathrm{Ker}_{\mathcal{S}}(\mathtt{M})$, und aus $\lambda, \mu \in \mathrm{Ker}_{\mathcal{S}}(\mathtt{M})$ folgt stets $\lambda \cdot \mu \in \mathrm{Ker}_{\mathcal{S}}(\mathtt{M})$ — ist $\mathtt{M}$ kommutativ, so gilt außerdem $\lambda + \mu \in \mathrm{Ker}_{\mathcal{S}}(\mathtt{M})$; bildet $\mathtt{M}$ eine Gruppe regulärer Prädilatationen, so ist für $\lambda \in \mathrm{Ker}_{\mathcal{S}}(\mathtt{M})$ stets $-\lambda \in \mathrm{Ker}_{\mathcal{S}}(\mathtt{M})$. Wenn man nun $\mathtt{M}$ als abelsche Gruppe regulärer Prädilatationen voraussetzt, ergibt sich, daß $\mathrm{Ker}_{\mathcal{S}}(\mathtt{M})$ ein Unterring des Endomorphismenringes von $\mathtt{M}$ ist (genauer gesagt, bildet also $(\mathrm{Ker}_{\mathcal{S}}(\mathtt{M}), +, \cdot, 0^{\mathtt{M}}, 1^{\mathtt{M}})$ einen Ring).

Sei jetzt $\mathcal{S} := (P, \mathcal{G}, \|)$ ein Liniensystem mit Parallelismus und $\mathtt{M} = (M, +, 0_M)$ eine abelsche Translationsgruppe von $\mathcal{S}$ (jede Untergruppe der Gruppe aller regulären Dilatationen von $\mathcal{S}$, die sämtlich aus Translationen von $\mathcal{S}$ besteht, wird üblicherweise als *Translationsgruppe* von $\mathcal{S}$ bezeichnet); für jedes $o \in P$ erhält man nun (Abb. 31)

$$\mathrm{Ker}_{\mathcal{S}}(\mathtt{M}) := \mathrm{Ker}_{(P,\mathcal{G})}(\mathtt{M}) = \{\lambda \in \mathrm{End}(\mathtt{M}) \mid (\lambda\tau)(o) \in o \vee \tau(o) \, \text{für alle} \ \tau \in M\} \ ;$$

für $R := \mathrm{Ker}_{\mathcal{S}}(\mathtt{M})$ bildet dann ${}_R\mathtt{M}$ in natürlicher Weise einen Modul (da R – wie oben ausgeführt – ein Unterring des Endomorphismenringes von $\mathtt{M}$ ist), und wir fragen uns, wann der zu ${}_R\mathtt{M}$ gehörige "reduzierte" affine Raum $\mathcal{A}_{\mathrm{red}}({}_R\mathtt{M})$ isomorph zu $\mathcal{S}$ ist — hierzu folgende

[19] Also liegt für $\alpha, \beta \in M$ stets auch $\alpha + \beta : P \to P$, $p \mapsto \alpha(\beta(p))$ in M, und es ist $0_M = \mathrm{id}_p \in M$.

[20] Hierbei sei $\lambda\alpha := \lambda(\alpha)$ für alle $\lambda \in \mathrm{End}(\mathtt{M})$ und $\alpha \in M$ gesetzt ($\mathrm{End}(\mathtt{M})$ bezeichnet die Endomorphismenmenge von $\mathtt{M}$).

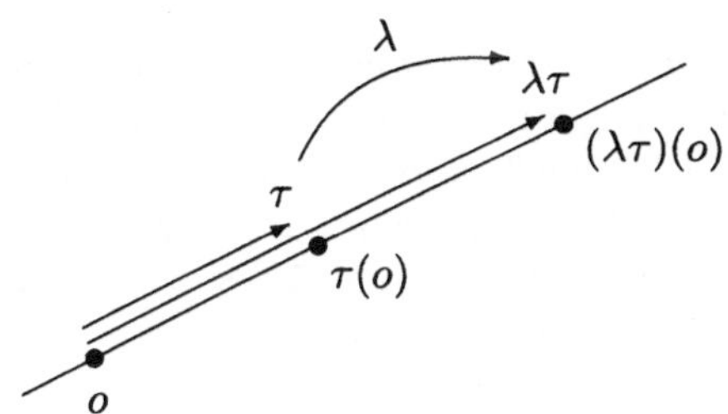

Abb. 31

Begriffsklärung: Ist $\mathcal{A} = (P, \mathcal{G}, \|, \%)$ ein affiner Raum, so bezeichnen wir das zu $\mathcal{A}$ gehörige affine Liniensystem $\mathcal{A}_{\text{red}} := (P, \mathcal{G}, \|)$ auch als den *zu $\mathcal{A}$ gehörigen reduzierten affinen Raum.* In diesem Sinne ist der *zu einem Modul ${}_R\mathtt{M}$ gehörige reduzierte affine Raum* gerade durch $\mathcal{A}_{\text{red}}({}_R\mathtt{M}) := (\mathcal{A}({}_R\mathtt{M}))_{\text{red}}$ gegeben. Ein Liniensystem mit Parallelismus heiße demgemäß *modulinduziert*, falls es zum reduzierten affinen Raum eines Moduls isomorph ist.

Um eine Antwort auf die eben gestellte Frage zu erhalten, fordern wir für die oben postulierten Strukturen $\mathcal{S} = (P, \mathcal{G}, \|), \mathtt{M} = (M, +, 0_M)$ und $R = \text{Ker}_{\mathcal{S}}(\mathtt{M})$ noch das Folgende: Es sei $\mathtt{M}$ punkttransitiv auf $\mathcal{S}$, und zu $\tau \in M$ und $p \in o \vee \tau(o)$ (für fest vorgegebenes $o \in P$) existiere stets ein $\lambda \in R$ mit $p = (\lambda\tau)(o)$.

Behauptung: Es ist

$$\mathcal{A}_{\text{red}}({}_R\mathtt{M}) \simeq \mathcal{S}$$

vermöge der Zuordnung $\varphi : M \to P,\ \tau \mapsto \tau(o)$.

Begründung: Da $\mathtt{M}$ eine Gruppe von Translationen von $\mathcal{S}$ ist, operiert M "scharf" auf P (d.h. für $\sigma, \tau \in M$ impliziert $\sigma(p) = \tau(p)$ für ein $p \in P$ bereits $\sigma = \tau$); also operiert M scharf transitiv auf P, und man erhält die Bijektivität von φ. Außerdem gilt nach Voraussetzung $\varphi(R\tau) = \{(\lambda\tau)(o) \mid \lambda \in R\} = o \vee \tau(o)$ für alle $\tau \in M$; beliebige $\sigma, \tau \in M$ (mit $\tau \neq 0_M$) erfüllen daher $\varphi(\sigma + R\tau) = \sigma(o \vee \tau(o)) = \pi(\sigma(o) \mid o \vee \tau(o))$, woraus sich nun wegen der Transitivität von M auf P sofort $\mathcal{A}_{\text{red}}({}_R\mathtt{M}) \simeq \mathcal{S}$ ergibt. □

Zusammenfassend formulieren wir als

Kriterium 2: *Sei $\mathcal{S}$ ein Liniensystem mit Parallelismus und punkttransitiver, abelscher Translationsgruppe $\mathtt{M}$ derart, daß für einen Punkt o von $\mathcal{S}$ und jede Translation τ aus $\mathtt{M}$ die Zuordnung*

$$\text{Ker}_{\mathcal{S}}(\mathtt{M}) \to o \vee \tau(o), \quad \lambda \mapsto (\lambda\tau)(o)$$

surjektiv ist. Dann ist $\mathcal{S}$ in kanonischer Weise modulinduziert.

Das eben genannte Kriterium wollen wir jetzt für affine Räume modifizieren und führen dazu noch folgende Begriffe ein: Eine Translation τ eines affinen Raumes $\mathcal{A} := (P, \mathcal{G}, \|, \%)$ heiße *effizient*, falls $p \% \tau(p)$ für alle $p \in P$ gilt; ist $p \% \tau(p)$ für kein $p \in P$ erfüllt, so nennen wir τ *ineffizient*. Außerdem definieren wir eine Menge von Translationen von $\mathcal{A}$ als *konsistent*, falls jedes ihrer nicht effizienten Elemente bereits ineffizient ist.

Kriterium 3: *Sei $\mathcal{A}$ ein affiner Raum mit konsistenter, punkttransitiver, abelscher Translationsgruppe $\mathtt{M}$; ferner sei R ein Unterring des Kernes von $\mathtt{M}$ bzgl. $\mathcal{A}$ derart, daß für einen Punkt o von $\mathcal{A}$ und jede Translation τ aus $\mathtt{M}$ die Zuordnung*

$$f_\tau : R \to o \vee \tau(o), \quad \lambda \mapsto (\lambda\tau)(o)$$

surjektiv ist – und $f_\tau^{-1}(o) = \{0^{\mathtt{M}}\}$ genau dann gilt, wenn τ effizient ist.[21]

Dann ist $\mathcal{A}({}_R\mathtt{M}) \simeq \mathcal{A}$ vermittels der Zuordnung, die jedes τ aus $\mathtt{M}$ in $\tau(o)$ überführt.

Beweis: Sei $\mathtt{M} = (M, +, 0_M)$; nach der Herleitung von Kriterium 2 genügt es, die Entsprechung der Unabhängigkeitsrelation $\%$ von $\mathcal{A}({}_R\mathtt{M})$ mit der Unabhängigkeitsrelation $\%$ von $\mathcal{A}$ zu überprüfen: Für jedes $\tau \in M$ gilt $0_M \% \tau$ genau dann, wenn $\lambda\tau \neq 0_M$ für alle $\lambda \in R \setminus \{0^{\mathtt{M}}\}$ ist, d.h. $(\lambda\tau)(o) \neq o$ für alle $\lambda \in R \setminus \{0^{\mathtt{M}}\}$, d.h. $f_\tau^{-1}(o) = \{0^{\mathtt{M}}\}$, d.h. τ ist effizient, d.h. $o \% \tau(o)$. Folglich gilt für beliebige $\sigma, \tau \in M$: $\sigma \% \tau \Leftrightarrow 0^{\mathtt{M}} \% (-\sigma + \tau) \Leftrightarrow o \% (-\sigma + \tau)(o) \Leftrightarrow \sigma(o) \% \tau(o)$. □

Wir halten fest, daß ein Liniensystem mit Parallelismus immer dann ein affines Liniensystem ist, wenn die Menge seiner Dilatationen "maximal 2-transitiv" ist, d.h. für Punkte p, p', q, q' mit $p' \vee q' \subseteq\| p \vee q$ stets eine Dilatation existiert, die p in p' und q in q' überführt. Diese Aussage wollen wir jetzt zu einer abbildungstheoretischen Kennzeichnung modulinduzierter Liniensysteme mit Parallelismus verschärfen. Vorweg treffen wir folgende Vereinbarungen.

Ist $\mathcal{S}$ ein Liniensystem mit Parallelismus und ist o ein Punkt aus $\mathcal{S}$, so heiße jede Dilatation von $\mathcal{S}$, die o als Fixpunkt hat, eine *o-Streckung*; für eine Menge M von Translationen auf $\mathcal{S}$ bezeichnen wir eine o-Streckung δ als *M-kompatibel*, falls für σ, τ aus M, für die $\sigma\delta$ und $\delta\tau$ auf o übersinstimmen (d.h. $\sigma(o) = \delta\tau(o)$), stets $\sigma\delta = \delta\tau$ ist (Abb. 32); die Menge aller M-kompatiblen o-Streckungen von $\mathcal{S}$ kürzen wir durch $\mathrm{Dil}_\mathcal{S}(o, M)$ ab. Ferner nennen wir eine Menge D von o-Streckungen *maximal transitiv* (auf $\mathcal{S}$), falls für Punkte p, q aus $\mathcal{S}$ mit $q \in o \vee p$ stets ein $\delta \in D$ mit $\delta(p) = q$ existiert (Abb. 33).

[21] $0^{\mathtt{M}}$ bezeichnet das Nullelement von R (s.o.).

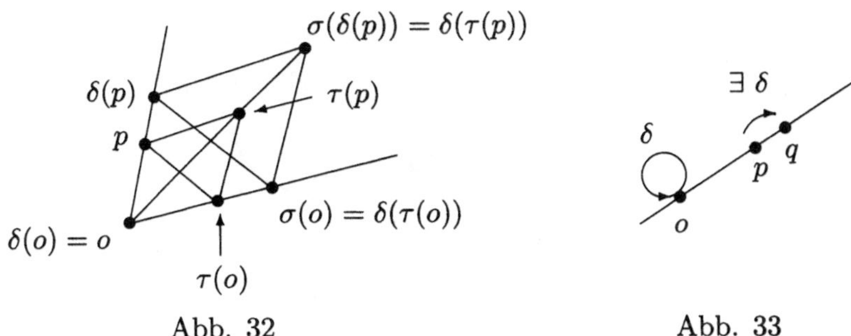

Abb. 32 Abb. 33

Satz 8: *Ein Liniensystem mit Parallelismus ist modulinduziert genau dann, wenn es eine punkttransitive, abelsche Translationsgruppe* $\mathtt{M}$ *und einen Punkt* o *besitzt derart, daß die Menge seiner* $\mathtt{M}$*-kompatiblen* o*-Streckungen maximal transitiv ist.*

Exkurs: Der Beweis dieses Satzes wird durch Rückführung auf Kriterium 2 gegeben. Um dies zu erreichen, wollen wir einige Vorüberlegungen machen:

Ist M eine scharf transitive Menge von Abbildungen auf einer Menge P und o ein festes Element aus P, so bezeichne τ_p für jedes $p \in P$ diejenige Abbildung aus M, die o in p überführt (d.h. $\tau_p(o) = p$); man erhält dadurch eine Bijektion $P \to M, p \mapsto \tau_p$, die $M \to P, \tau \mapsto \tau(o)$ als Umkehrabbildung hat. Diese bijektive Beziehung zwischen P und M induziert in natürlicher Weise einen Isomorphismus zwischen dem Monoid $(P^P, \cdot)$ aller Abbildungen von P in sich und dem Monoid $(M^M, \cdot)$ aller Abbildungen von M in sich vermittels der Zuordnung

$$P^P \to M^M, \quad \delta \mapsto (\lambda_\delta : M \to M, \quad \tau \mapsto \tau_{\delta\tau(o)})$$

und der Umkehrung

$$M^M \to P^P, \quad \lambda \mapsto (\delta_\lambda : P \to P, \quad p \mapsto (\lambda\tau_p)(o))$$

Sei nun $\mathcal{S} := (P, \mathcal{G}, \|)$ ein Liniensystem mit Parallelismus und punkttransitiver, abelscher Translationsgruppe $\mathtt{M} = (M, +, 0_M)$; für jedes fest gewählte $o \in P$ gilt dann (unter Verwendung der zuvor eingeführten Notationen):

(1) Für jedes $\lambda \in \mathrm{Ker}_{\mathcal{S}}(\mathtt{M})$ ist $\delta_\lambda \in \mathrm{Dil}_{\mathcal{S}}(o, \mathtt{M})$ (vgl. Abb. 34).

Begründung: Seien p, q beliebige Elemente aus P, und setze $\sigma := \tau_q - \tau_p$ und $r := \delta_\lambda(p)$; dann ist $\delta_\lambda(q) = (\lambda\sigma + \lambda\tau_p)(o) = (\lambda\sigma)((\lambda\tau_p)(o)) = (\lambda\sigma)(r)$ und folglich

$$\delta_\lambda(p) \vee \delta_\lambda(q) = r \vee (\lambda\sigma)(r) \subseteq r \vee \sigma(r) \parallel p \vee \sigma(p) = p \vee q$$

(da $\sigma \in M$ und $\lambda \in \mathrm{Ker}_{\mathcal{S}}(\mathtt{M})$). Also ist δ_λ eine o-Streckung (denn $\delta_\lambda(o) = (\lambda 0_M)(o) = 0_M(o) = o$).

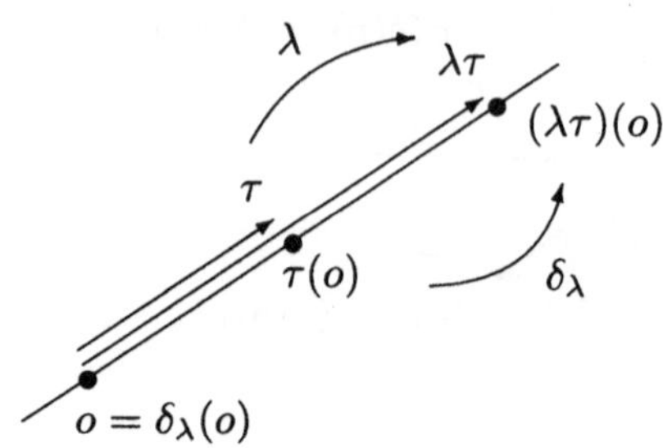

Abb. 34

Für alle $p, q, x \in M$ mit $\tau_q(o) = \delta_\lambda \tau_p(o)$ (d.h. $q = (\lambda\tau_p)(o)$, also $\tau_q = \lambda\tau_p$) gilt außerdem

$$\begin{aligned} \tau_q \delta_\lambda(x) &= \tau_q((\lambda\tau_x)(o)) = (\lambda\tau_p + \lambda\tau_x)(o) \\ &= (\lambda(\tau_p + \tau_x))(o) = \delta_\lambda(\tau_p + \tau_x)(o) = \delta_\lambda \tau_p(x) \end{aligned}$$

(da $\lambda \in \mathrm{End}(\mathtt{M})$); es ergibt sich nun $\tau_q \delta_\lambda = \delta_\lambda \tau_p$ — und somit ist $\delta_\lambda \in \mathrm{Dil}_{\mathcal{S}}(o, \mathtt{M})$ gezeigt.

(2) Für jedes $\delta \in \mathrm{Dil}_{\mathcal{S}}(o, \mathtt{M})$ ist $\lambda_\delta \in \mathrm{Ker}_{\mathcal{S}}(\mathtt{M})$ (vgl. Abb. 35).

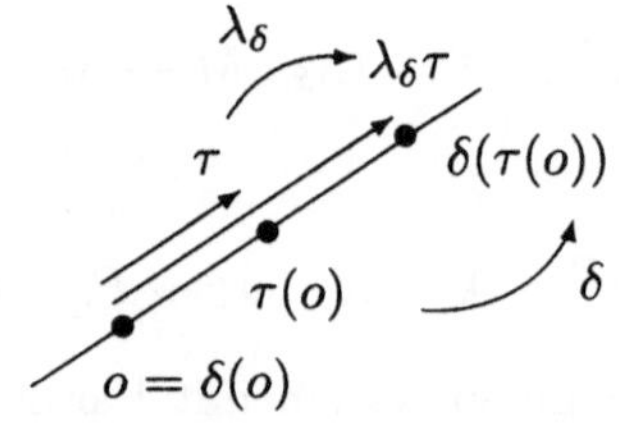

Abb. 35

Begründung: **(a)** Für $\tau \in M$ und $x \in P$ gilt stets

$$\begin{aligned} x \vee (\lambda_\delta \tau)(x) &= x \vee \tau_{\delta\tau(o)}(x) \parallel o \vee \tau_{\delta\tau(o)}(o) \\ &= \delta(o) \vee \delta(\tau(o)) \subseteq\parallel o \vee \tau(o) \parallel x \vee \tau(x) \end{aligned}$$

und also $x \vee (\lambda_\delta \tau)(x) \subseteq x \vee \tau(x)$.

(b) Da δ $\mathtt{M}$-kompatibel ist, ergibt sich für jedes $\tau \in M$ wegen $\tau_{\delta\tau(o)}(o) = \delta\tau(o)$ bereits $\tau_{\delta\tau(o)}\delta = \delta\tau$. Für jedes weitere $\sigma \in M$ ist dann

$$\begin{aligned}(\lambda_\delta(\tau+\sigma))(o) &= \delta(\tau+\sigma)(o) = (\delta\tau)(\sigma(o)) = (\tau_{\delta\tau(o)}\delta)(\sigma(o)) = \\ \tau_{\delta\tau(o)}(\delta\sigma(o)) &= \tau_{\delta\tau(o)}(\tau_{\delta\sigma(o)}(o)) = (\tau_{\delta\tau(o)} + \tau_{\delta\sigma(o)})(o) = (\lambda_\delta\tau + \lambda_\delta\sigma)(o),\end{aligned}$$

und daher ist $\lambda_\delta(\tau+\sigma) = \lambda_\delta\tau + \lambda_\delta\sigma$, d.h. $\lambda_\delta \in \mathrm{End}(\mathtt{M})$.

Aus (a) und (b) folgt $\lambda_\delta \in \mathrm{Ker}_{\mathcal{S}}(\mathtt{M})$.

(1) und (2) ergeben zusammen mit dem Vorangegangenen den

Kommentar: Setzt man $p+q := (\tau_p + \tau_q)(o)$ für alle $p, q \in P$ (vgl. Abb. 36) und $\epsilon + \delta : P \to P, p \mapsto \epsilon(p) + \delta(p)$ für alle $\epsilon, \delta \in \mathrm{Dil}_{\mathcal{S}}(o, \mathtt{M})$, ferner $\underline{o} : P \to P, p \mapsto o$ und $\underline{1} := \mathrm{id}_P$, so ist

$$\mathtt{P} := (P, +, o) \simeq \mathtt{M} = (M, +, 0_M)$$

vermöge der Zuordnung $P \to M, p \mapsto \tau_p$ und außerdem

$$(\mathrm{Dil}_{\mathcal{S}}(o, \mathtt{M}), +, \cdot, \underline{o}, \underline{1}) \simeq (\mathrm{Ker}_{\mathcal{S}}(\mathtt{M}), +, \cdot, 0^{\mathtt{M}}, 1^{\mathtt{M}})$$

vermöge der Zuordnung $\mathrm{Dil}_{\mathcal{S}}(o, \mathtt{M}) \to \mathrm{Ker}_{\mathcal{S}}(\mathtt{M}), \delta \mapsto \lambda_\delta$; die angegebenen Zuordnungen liefern insbesondere einen Isomorphismus zwischen dem $\mathrm{Dil}_{\mathcal{S}}(o, \mathtt{M})$-Linksmodul $\mathtt{P}$ und dem $\mathrm{Ker}_{\mathcal{S}}(\mathtt{M})$-Linksmodul $\mathtt{M}$.

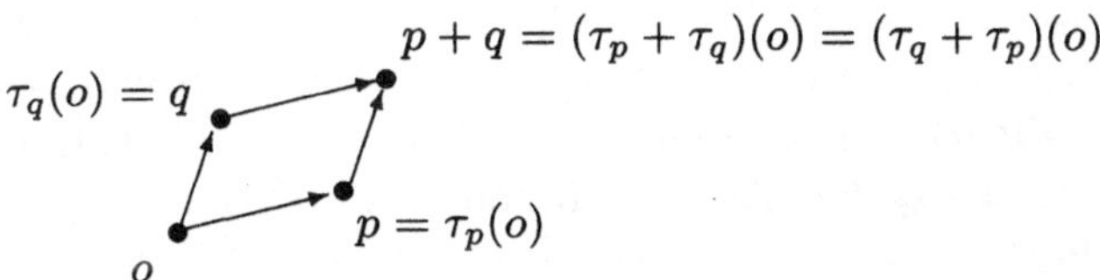

Abb. 36

Mit Hilfe der gemachten Vorüberlegungen läßt sich nun der obengenannte Satz leicht herleiten.

Beweis von Satz 8: Sei $\mathcal{S} = (P, \mathcal{G}, \|)$ ein vorgegebenes Liniensystem mit Parallelismus.

(A) Ist $\mathtt{M}$ eine punkttransitive, abelsche Translationsgruppe auf $\mathcal{S}$ und $\mathrm{Dil}_{\mathcal{S}}(o, \mathtt{M})$ maximal transitiv auf $\mathcal{S}$ für ein $o \in P$, so ist $\mathcal{A}_{\mathrm{red}}({}_R\mathtt{M}) \simeq \mathcal{S}$ für $R := \mathrm{Ker}_{\mathcal{S}}(\mathtt{M})$ vermöge der Zuordnung, die jedes τ aus $\mathtt{M}$ in $\tau(o)$ überführt.

Begründung: Zu jedem τ aus $\mathtt{M}$ und p aus $o \vee \tau(o)$ existiert nach Voraussetzung ein $\delta \in \mathrm{Dil}_{\mathcal{S}}(o, \mathtt{M})$ mit $\delta(\tau(o)) = p$. Nach (2) ist dann $\lambda_\delta \in \mathrm{Ker}_{\mathcal{S}}(\mathtt{M})$, und man erhält $(\lambda_\delta\tau)(o) = \delta\tau(o) = p$; die Zuordnung $\mathrm{Ker}_{\mathcal{S}}(\mathtt{M}) \to o \vee \tau(o), \lambda \mapsto (\lambda\tau)(o)$ ist daher surjektiv, woraus sich nach Kriterium 2 nunmehr (A) ergibt.

(B) Ist andererseits $\mathcal{S}$ modulinduziert, also o.B.d.A. $\mathcal{S} = \mathcal{A}_{\mathrm{red}}({}_R\mathtt{M})$ für einen Modul ${}_R\mathtt{M}$, so ist $\mathbb{M} := \{\tau_p \,|\, p \in M\}$ mit $\tau_p : M \to M, x \mapsto p + x$ für alle $p \in M$ eine punkttransitive, abelsche Translationsgruppe auf $\mathcal{S}$, und die Menge $D := \{\underline{\lambda} \,|\, \lambda \in R\}$ mit $\underline{\lambda} : M \to M, x \mapsto \lambda x$ für alle $\lambda \in M$ ist in $\mathrm{Dil}_{\mathcal{S}}(0, \mathbb{M})$ enthalten, und es ist D und somit auch $\mathrm{Dil}_{\mathcal{S}}(0, \mathbb{M})$ maximal transitiv auf $\mathcal{S}$. □

Wir gelangen nun zu folgendem für unsere weiteren Betrachtungen grundlegenden

Satz 9: *Für einen affinen Raum $\mathcal{A} := (P, \mathcal{G}, \|, \%)$ mit konsistenter, punkttransitiver, abelscher Translationsgruppe $\mathtt{M} := (M, +, 0_M)$ und $o \in P$ sind äquivalent:*

(i) *Es ist*

$$\mathcal{A}({}_R\mathtt{M}) \simeq \mathcal{A} \quad \text{für} \quad R := \mathrm{Ker}_{\mathcal{A}}(\mathtt{M})$$

vermöge der Zuordnung $M \to P, \tau \mapsto \tau(o)$.

(ii) *Es ist $\mathrm{Dil}_{\mathcal{A}}(o, \mathtt{M})$ maximal transitiv auf $\mathcal{A}$, und für alle $p \in P$ ist die Bedingung $o \% p$ äquivalent dazu, daß für $\delta \in \mathrm{Dil}_{\mathcal{A}}(o, \mathtt{M})$ aus $\delta(p) = o$ stets $\delta = \underline{o}$ folgt.*[22]

Beweis: **(i) ⇒ (ii)**: Da $\mathcal{A}$ nach (i) modulinduziert ist, folgt nach Voraussetzung (und Satz 8) sofort, daß $\mathrm{Dil}_{\mathcal{A}}(o, \mathtt{M})$ maximal transitiv auf $\mathcal{A}$ ist; und für jedes $p \in P$ gilt $o \% p$ genau dann, wenn $(0_M, \tau_p)$ unabhängig in $\mathcal{A}({}_R\mathtt{M})$ ist (nach (i)), d.h. $\lambda\tau_p \neq 0_M$ für alle $\lambda \in R$ mit $\lambda \neq 0^{\mathtt{M}}$, d.h. $\tau_{\delta(p)} = \lambda_\delta\tau_p \neq 0_M$ für alle $\delta \in \mathrm{Dil}_{\mathcal{A}}(o, \mathtt{M})$ mit $\delta \neq \underline{o}$ (vgl. Kommentar auf Seite 65), d.h. $\delta(p) \neq o$ für alle $\delta \in \mathrm{Dil}_{\mathcal{A}}(o, \mathtt{M})$ mit $\delta \neq \underline{o}$. Damit ist (ii) gezeigt.

(ii) ⇒ (i): Nach Aussage (A) im Beweis von Satz 8 folgt aus (ii) bereits $\mathcal{A}_{\mathrm{red}}({}_R\mathtt{M}) \simeq \mathcal{A}_{\mathrm{red}}$ vermöge der Zuordnung $M \to P, \tau \mapsto \tau(o)$; und für jedes $\tau \in M$ ist τ effizient genau dann, wenn $o \% \tau(o)$ gilt (da M konsistent ist), d.h. $(\lambda_\delta\tau)(o) = \delta\tau(o) \neq o$ für alle $\delta \in \mathrm{Dil}_{\mathcal{A}}(o, \mathtt{M})$ mit $\delta \neq \underline{o}$ (nach (ii)), d.h. $(\lambda\tau)(o) \neq o$ für alle $\lambda \in R \setminus \{0^{\mathtt{M}}\}$ (vgl. Kommentar auf Seite 65), d.h. $f_\tau^{-1}(o) = \{0^{\mathtt{M}}\}$ für

$$f_\tau : R \to o \vee \tau(o), \quad \lambda \mapsto (\lambda\tau)(o).$$

Nach Kriterium 3 ergibt sich nun direkt (i). □

[22] Hier ist (wie schon weiter oben vereinbart) $\underline{o} : P \to P, x \mapsto o$.

Zusammen mit dem Kommentar auf Seite 65 liefert der eben bewiesene Satz das

Korollar 1: *Sei $\mathcal{A}$ ein affiner Raum, in welchem die Menge aller Translationen eine konsistente, punkttransitive, abelsche Gruppe* $\mathtt{M}$ *bildet; außerdem sei in $\mathcal{A}$ für einen Punkt o die Menge aller o-Streckungen* $\mathtt{M}$*-kompatibel und maximal transitiv; ferner gelte für jeden Punkt p aus $\mathcal{A}$, daß p unabhängig zu o ist genau dann, wenn jede o-Streckung von $\mathcal{A}$ durch ihre Wirkung auf p eindeutig bestimmt ist.*
Dann ist

$$\mathcal{A} \simeq \mathcal{A}({}_R\mathtt{M}) \quad \textit{für} \quad R := \mathrm{Ker}_{\mathcal{A}}(\mathtt{M})\,.$$

8 Hinreichende Kriterien für die Darstellbarkeit affiner Räume durch Moduln

Wir wollen uns zunächst mit elementaren Eigenschaften affiner Räume beschäftigen; später werden wir darauf aufbauend als Anwendung von Korollar 1 einen algebraischen Darstellungssatz für affine Räume beweisen.

Für das Weitere benötigen wir noch einige Begriffsbildungen; sei dazu $\mathcal{S} := (P, \mathcal{G}, \|)$ ein beliebiges affines Liniensystem und $(P, \mathcal{V}, \|)$ sein zugehöriges affines Hüllensystem. Zwei nichtleere Vertreter T, U aus $\mathcal{V}$ sind *aparallel* – in Zeichen $T \# U$ – , falls

$$\pi(p \,|\, T) \cap \pi(p \,|\, U) = \{p\}$$

für alle $p \in P$ gilt; offensichtlich ist T bereits dann aparallel zu U, wenn *ein* p mit $\pi(p \,|\, T) \cap \pi(p \,|\, U) = \{p\}$ existiert. Wir sagen, daß eine affine Linearmenge U von $\mathcal{S}$ *n-erzeugt* ist, wenn es (nicht notwendig voneinander verschiedene) Punkte $p_1, \ldots, p_n$ in $\mathcal{S}$ mit

$$p_1 \vee \ldots \vee p_n := \nu\langle\{p_1, \ldots, p_n\}\rangle = U$$

gibt. Punkte (als 1-elementige Teilmengen) sind 1-erzeugt, Linien 2-erzeugt; die 3-erzeugten affinen Linearmengen, die nicht 2-erzeugt sind, nennen wir demgemäß *Ebenen*. Zwei Translationen σ, τ von $\mathcal{S}$ sind *aparallel* – in Zeichen $\sigma \# \tau$ – genau dann, wenn $p \vee \sigma(p) \# p \vee \tau(p)$ für alle $p \in P$ gilt; wie man leicht sieht, sind σ und τ bereits aparallel, falls $o \vee \sigma(o) \# p \vee \tau(p)$ für gewisse $o, p \in P$ erfüllt ist.

Wir zeichnen nun in $\mathcal{S}$ eine für die späteren Untersuchungen wesentliche Reichhaltigkeitsbedingung (A_n) aus (für jede von Null verschiedene natürliche Zahl n):

(A$_n$) $\mathcal{S}$ enthält mindestens eine Linie, und zu je n (nicht notwendig voneinander verschiedenen) Punkten $p_1, \ldots, p_n$ und jeder Linie l aus $\mathcal{S}$ existiert ein von $p_1, \ldots, p_n$ verschiedener Punkt p in $\mathcal{S}$ derart, daß die Linien $p \vee p_1, \ldots, p \vee p_n$ aparallel zu l sind (Abb. 37).

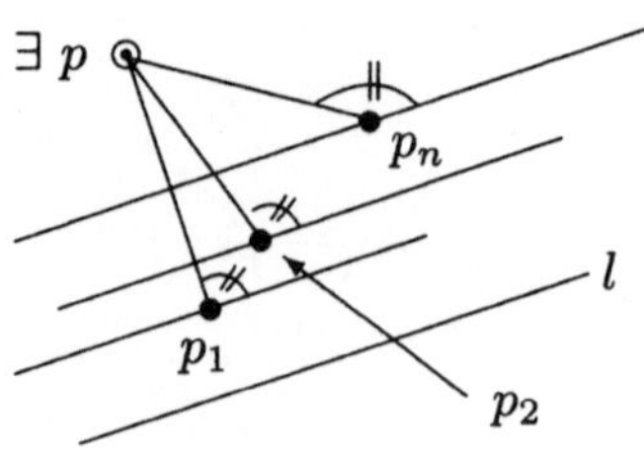

Abb. 37

Anmerkung 8: (a) Ein klassisches affines Liniensystem erfüllt (A_n) genau dann, wenn es mindestens eine Linie besitzt und eine (und damit jede) seiner Parallelklassen mehr als n Linien umfaßt.

(b) Ist R ein Linksorering und sind m, n von Null verschiedene natürliche Zahlen mit $m < |R|^{n-1}$, so gilt (A_m) in $\mathcal{A}({}_R R^n)$; ferner ist (A_m) in $\mathcal{A}({}_R R^n)$ erfüllt, wenn R ein Rechtskettenring ist, welcher mindestens $m+3-n$ Elemente enthält, deren Differenzen paarweise genommen sämtlich Einheiten sind (allgemeiner gilt (A_m) in $\mathcal{A}({}_R R^n)$, falls R ein *k-stabiler eigentlicher Rechtsbezoutring* ("k-stable proper right Bezout ring") i.S.v. [GrSch 94b] ist mit $k \geqslant \max(2, m+3-n)$).

(c) Ist $\mathcal{A}$ ein affiner Raum mit unendlicher Basis, so gilt (A_n) für alle $n > 0$.

Sei jetzt $\mathcal{A} := (P, \mathcal{G}, \|, \%)$ ein affiner Raum und $(P, \mathcal{V}, \|)$ sein affines Hüllensystem; ferner seien T, U nichtleere Vertreter aus $\mathcal{V}$. Wir sagen dann, daß T *distant* zu U ist, falls jedes Element p aus T unabhängig zu jedem Element q aus U ist (d.h. $p \% q$) und überdies die Verbindungslinie $p \vee q$ sowohl zu T als auch zu U aparallel ist (d.h. $p \vee q \# T$ und $p \vee q \# U$) – vgl. Abb. 38.

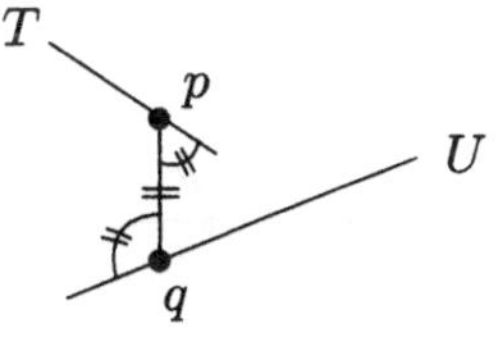

Abb. 38

Beobachtung: T ist bereits dann distant zu U, wenn es $p \in T$ und $q \in U$ mit $p \% q$ gibt derart, daß $p \vee q' \# T$ und $p' \vee q \# U$ für alle $p' \in T$ und $q' \in U$ gilt (Abb. 39).

Begründung: Seien beliebige $p' \in T$ und $q' \in U$ gegeben. Nach Voraussetzung ist dann $p \% q$ und $p \vee q \# p \vee p'$; nach (U2) folgt daraus $p' \% q$; ferner ergibt sich aus $p' \% q$ und $p' \vee q \# q \vee q'$ sowohl $p' \% q'$ als auch $p' \vee q' \# q \vee q'$ (wieder nach (U2)); aus Symmetriegründen genügt es nun, $p' \vee q' \# U$ nachzuweisen: Angenommen, es existiert ein $r \in U \setminus \{q'\}$ mit $r \in p' \vee q'$; dann existiert nach dem Lenzaxiom ($\measuredangle$) ein $s \in (p' \vee q) \cap \pi(r \mid q \vee q')$; also ist $s \in (p' \vee q) \cap U = \{q\}$ (da $p' \vee q \# U$), und man erhält $q = s \in \pi(r \mid q \vee q')$, d.h. $r \in q \vee q'$ – im Widerspruch zu $r \in p' \vee q' \# q \vee q'$

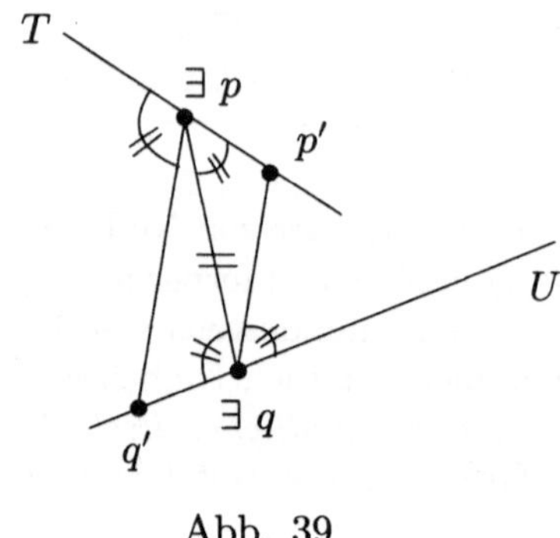

Abb. 39

und $r \neq q'$. □

Aus der eben gemachten Beobachtung folgt unmittelbar, daß ein Punkt p distant zu U (d.h. $\{p\}$ distant zu U) ist genau dann, wenn es ein $q \in U$ mit $p \,\%\, q$ und $p \vee q \,\#\, U$ gibt. Allgemeiner folgt unter der Prämisse $T \subseteq\parallel U$, daß T distant ist zu U dann und nur dann, wenn $p \in T$ und $q \in U$ mit $p \,\%\, q$ und $p \vee q \,\#\, U$ existieren (Abb. 40).

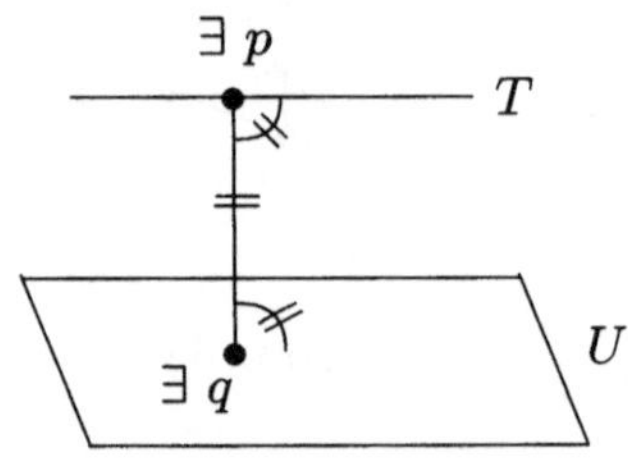

Abb. 40

Sind T, U aparallel und distant zueinander, so sagen wir, daß T *unabhängig* (bzw. *windschief*) zu U ist und schreiben dafür $T \,\%\, U$. Wir fassen dann $(\mathcal{V}, \parallel, \%)$ als die zu $\mathcal{A}$ gehörige *affine Geometrie* auf.[23] Ein Punkt p ist unabhängig zu U, abgekürzt $p \,\%\, U$, falls $\{p\} \,\%\, U$ gilt, d.h. falls p distant zu U ist.

[23] Es sei an dieser Stelle festgehalten, daß es sinnvoll ist, eine Teilmenge $\mathcal{X}$ von $\mathcal{V}$ als *unabhängig in* $(\mathcal{V}, \parallel, \%)$ zu bezeichnen, falls für $X, Y \in \mathcal{X}$ mit $X \neq Y$ stets $X \,\%\, Y$ und $(X \vee Y) \cap \bigvee(\mathcal{X} \setminus \{Y\}) = X$ ist.

Die Unabhängigkeit einer Punktmenge X in $\mathcal{A}$ läßt sich nun folgendermaßen beschreiben: X ist genau dann unabhängig in $\mathcal{A}$, wenn jeder Punkt p aus X distant zu $_\mathcal{V}\langle X \setminus \{p\}\rangle$ ist.

Anmerkung 9: In Verschärfung von Bemerkung 3(a) stellen wir fest, daß in einem affinen Raum Punkte $p_1, \ldots, p_n$ genau dann unabhängig sind, wenn p_{i+1} distant zu $p_1 \vee \ldots \vee p_i$ ist für alle $i = 1, \ldots, n-1$ (denn: die affinen Linearmengen durch p_1 bilden einen modularen Verband – s.o.).

Wir sagen, daß $U \in \mathcal{V}$ von $X \subseteq P$ *erzeugt* wird, falls $_\mathcal{V}\langle X\rangle = U$ gilt; ist dabei X unabhängig, so sprechen wir von X als einem *unabhängigen Erzeugendensystem* bzw. einer *Basis* von U bzgl. $\mathcal{A}$; hat U ein n-elementiges unabhängiges Erzeugendensystem, so nennen wir U *regulär n-erzeugt* oder kurz *n-regulär*. Jeder Punkt (als 1-elementige Menge) ist 1-regulär; die 2-regulären Vertreter aus $\mathcal{V}$ sind die sogenannten *regulären Linien* aus $\mathcal{A}$ (also genau die Linien der Form $p \vee q$ mit $p, q \in P$ und $p \% q$), und die 3-regulären affinen Linearmengen nennen wir demgemäß *reguläre Ebenen* (vgl. Abb. 41).

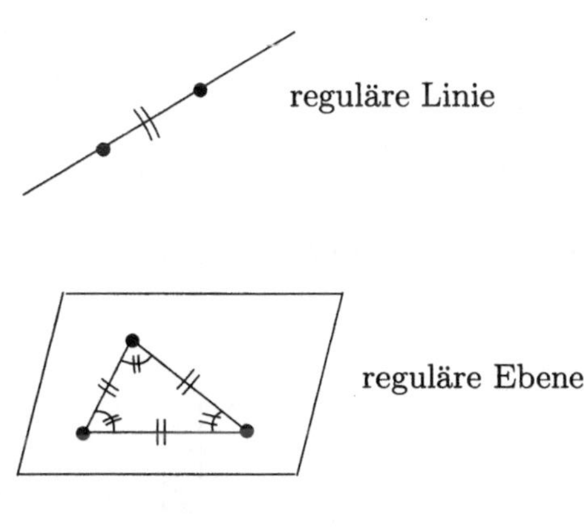

Abb. 41

Für jeden affinen Raum $\mathcal{A}$ und beliebige von Null verschiedene natürliche Zahlen m, n zeichnen wir nun noch folgende (für das Weitere entscheidende) Reichhaltigkeitsbedingung aus:

($\mathbf{B}_n^m$) $\mathcal{A}$ ist nichtleer[24], und zu je m n-erzeugten affinen Linearmengen in $\mathcal{A}$ existiert stets eine reguläre Linie, welche zu jeder der m Linearmengen aparallel ist (Abb. 42).

[24] D.h. $\mathcal{A}$ enthält mindestens einen Punkt.

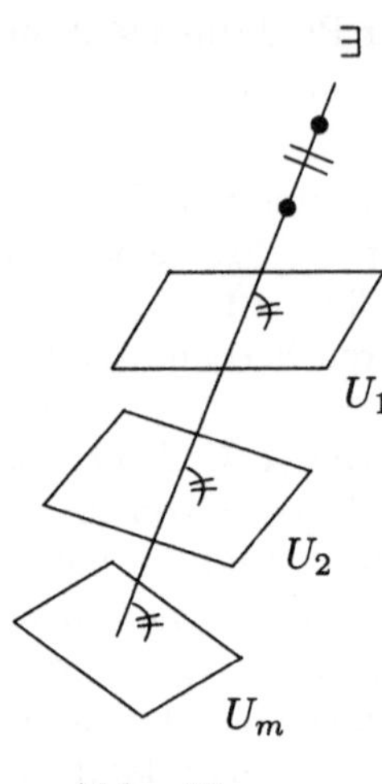

Abb. 42

Anmerkung 10: **(a)** Nach Axiom (U1) sind in einem affinen Raum $\mathcal{A}$ sämtliche Parallelen zu einer regulären Linie ebenfalls reguläre Linien. Daher erlaubt Axiom (B_n^m) die folgende Fassung:

> $\mathcal{A}$ ist nichtleer, und zu je m n-erzeugten affinen Linearmengen in $\mathcal{A}$, deren Schnitt nichtleer ist, existiert stets ein Punkt, welcher zu jeder der Linearmengen distant ist (Abb. 43).

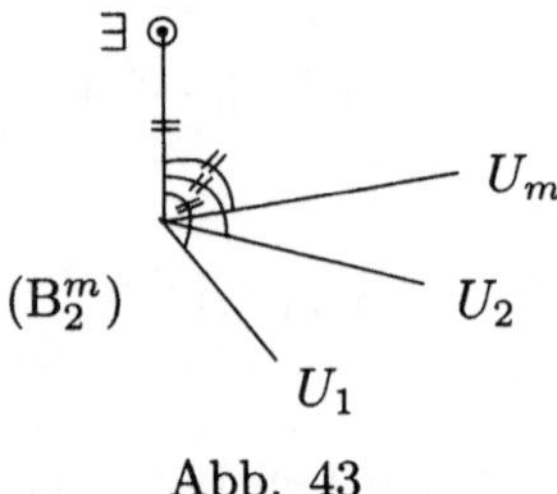

Abb. 43

(b) Offensichtlich folgt in affinen Räumen aus (B_n^1) bereits die Existenz einer $(n+1)$-regulären affinen Linearmenge (vgl. Anmerkung 9); insbesondere impliziert (B_3^1) für jeden affinen Raum, daß er "räumlich" ist, d.h. eine 4-reguläre affine Linearmenge enthält. Ferner folgt aus (B_{n+1}^1) stets (A_n) und (B_2^n).

(c) Allgemein ist für affine Räume (B_1^m) äquivalent zur Existenz einer regulären Linie. Ein klassischer affiner Raum der Dimension $n > 1$ erfüllt (B_n^m) genau dann, wenn seine Ordnung mindestens m ist. Endliche klassische affine Räume von Dimension $N > 1$ und Ordnung μ genügen der Bedingung (B_n^m) mit $n > 1$ dann und nur dann, wenn $m \leqslant \mu \cdot (1 + \mu + \ldots + \mu^{N-n})$ ist.

(d) Für beliebige von Null verschiedene natürliche Zahlen m, n, N mit $n \leqslant N$ ist (B_n^m) beispielsweise dann in $\mathcal{A}({}_R R^N)$ erfüllt, falls R ein mindestens m-elementiger Linksorering ist oder R ein Rechtskettenring ist, welcher mindestens m Elemente besitzt, deren Differenzen paarweise genommen sämtlich Einheiten sind (allgemeiner gilt (B_n^m) in $\mathcal{A}({}_R R^N)$, falls R ein m-stabiler eigentlicher Rechtsbezoutring ist – vgl. Anmerkung 8(b)).

(e) Ist $\mathcal{A}$ ein affiner Raum mit unendlicher Basis, so gilt (B_n^m) für alle $m, n > 0$.

Wir streben jetzt — unter Verwendung der Reichhaltigkeitsbedingungen (A_n) und (B_n^m) — eine Reduktion von Korollar 1 zu einem vereinfachten Darstellungssatz für affine Räume an; in dieser Absicht machen wir einige Hilfsüberlegungen.

Lemma 1: *Gegeben sei ein affines Liniensystem $\mathcal{S}$.*
(a) *Für Translationen σ, τ von $\mathcal{S}$ folgt aus $\sigma \# \tau$ stets $\sigma\tau = \tau\sigma$.*
(b) *Gilt (A_2) in $\mathcal{S}$ und ist* `M` *ein punkttransitiver Gruppoid von Translationen auf $\mathcal{S}$, so ist* `M` *bereits eine scharf punkttransitive, abelsche Translationsgruppe von $\mathcal{S}$.*

Beweis: **(a)** Für alle Punkte p aus $\mathcal{S}$ gilt

$$\sigma(p) \vee \sigma(\tau(p)) \parallel p \vee \tau(p) \parallel \sigma(p) \vee \tau(\sigma(p)) \quad \text{und}$$
$$\tau(p) \vee \sigma(\tau(p)) \parallel p \vee \sigma(p) \parallel \tau(p) \vee \tau(\sigma(p));$$

aus $\sigma \# \tau$ ergibt sich dann sofort $\sigma\tau(p) = \tau\sigma(p)$ – vgl. Abb. 44.

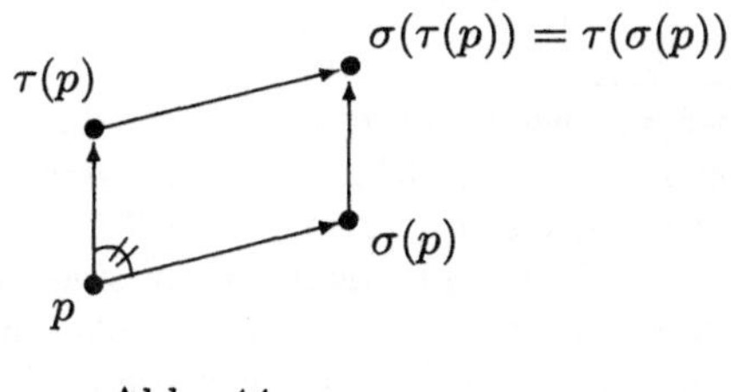

Abb. 44

(b)[25] Seien σ, τ beliebige Translationen aus $\mathtt{M}$ und o ein beliebiger Punkt aus $\mathcal{S}$. Nach (A_2) existiert ein Punkt p in $\mathcal{S}$ mit

$$o \vee p \# o \vee \tau(o) \quad \text{und} \quad p \vee \sigma(o) \# o \vee \tau(o).$$

Für ϱ aus $\mathtt{M}$ mit $\varrho(p) = o$ folgt dann $\varrho \# \tau$ und $\sigma\varrho \# \tau$ (Abb. 45); nach (a) ergibt sich hieraus $\varrho\tau = \tau\varrho$ und $\tau(\sigma\varrho) = (\sigma\varrho)\tau$, und somit ist $\tau\sigma\varrho = \sigma\varrho\tau = \sigma\tau\varrho$, d.h. $\tau\sigma = \sigma\tau$. □

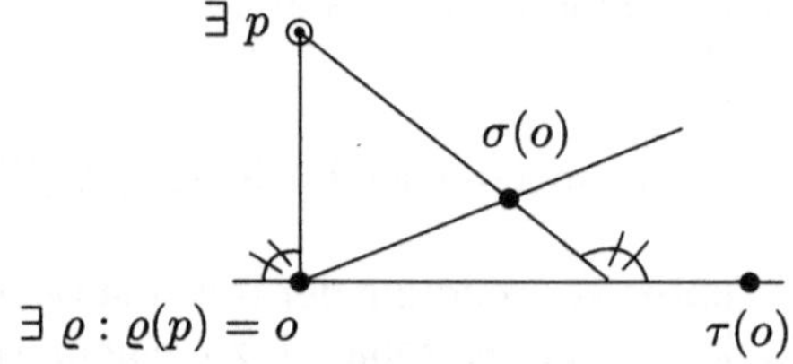

Abb. 45

"Elementargeometrische" Anmerkung 11: Wir sagen, daß drei Punkte eines affinen Raumes ein *reguläres Dreieck* bilden, falls sie paarweise unabhängig sind und ihre drei Verbindungslinien zueinander aparallel sind.[26] Für beliebige Punkte p, q, r eines affinen Raumes $\mathcal{A} := (P, \mathcal{G}, \|, \%)$ gilt dann offensichtlich:

"SWS" Aus $p \% q$ und $p \vee q \# q \vee r$ und $q \% r$ folgt bereits, daß die Punkte p, q, r ein reguläres Dreieck bilden (Abb. 46).

"WSW" Aus $p \vee q \# q \vee r$ und $q \% r$ und $q \vee r \# r \vee p$ folgt bereits, daß die Punkte p, q, r ein reguläres Dreieck bilden (Abb. 47).

---

[25] Es genügt hier zu zeigen, daß $\mathtt{M}$ abelsch ist, da offensichtlich jeder punkttransitive Translationsgruppoid $\mathtt{M}$ eines beliebigen Liniensystems $\mathcal{S}$ mit Parallelismus bereits eine scharf punkttransitive Translationsgruppe von $\mathcal{S}$ ist (denn für einen Punkt p aus $\mathcal{S}$ und τ, τ' aus $\mathtt{M}$ mit $q := \tau(p) = \tau'(p)$ existiert dann stets ein σ aus $\mathtt{M}$ mit $\sigma(q) = p$; folglich ist p bzw. q Fixpunkt von $\sigma\tau$ und $\sigma\tau'$ bzw. $\tau\sigma$; also sind die Translationen $\sigma\tau$, $\sigma\tau'$ und $\tau\sigma$ bereits die Identität auf der Punktmenge von $\mathcal{S}$, d.h. es gilt $\tau = \tau'$, und σ ist invers zu τ).

[26] Das bedeutet genau, daß die drei Punkte unabhängig sind.

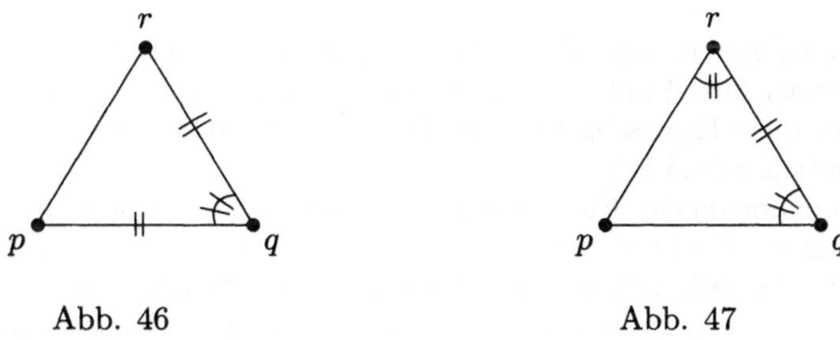

Abb. 46 Abb. 47

Lemma 2: *In einem affinen Raum, der (A_2) genügt, ist die Menge aller Translationen konsistent.*

Beweis: Sei $\mathcal{A} := (P, \mathcal{G}, \|, \%)$ ein affiner Raum, in dem (A_2) gilt, und sei τ eine Translation von $\mathcal{A}$, die $p \% \tau(p)$ für ein $p \in P$ erfüllt. Wir müssen τ als effizient nachweisen; sei dazu $q \in P$ beliebig gewählt; zu zeigen ist nun, daß $q \% \tau(q)$ gilt:

Nach (A_2) existiert ein

$$r \in P \text{ mit } p \vee r \# p \vee \tau(p) \quad \text{und} \quad q \vee r \# p \vee \tau(p) \quad \text{(Abb. 48);}$$

dann sind $p \vee r$ und $\tau(p) \vee \tau(r)$ zueinander distant (wegen $p \% \tau(p)$ und $p \vee \tau(p) \# p \vee r \| \tau(p) \vee \tau(r)$); folglich sind auch $r \vee q$ und $\tau(r) \vee \tau(q)$ zueinander distant (wegen $r \% \tau(r)$ und $r \vee \tau(r) \| p \vee \tau(p) \# r \vee q \| \tau(r) \vee \tau(q)$); insbesondere gilt $q \% \tau(q)$. □

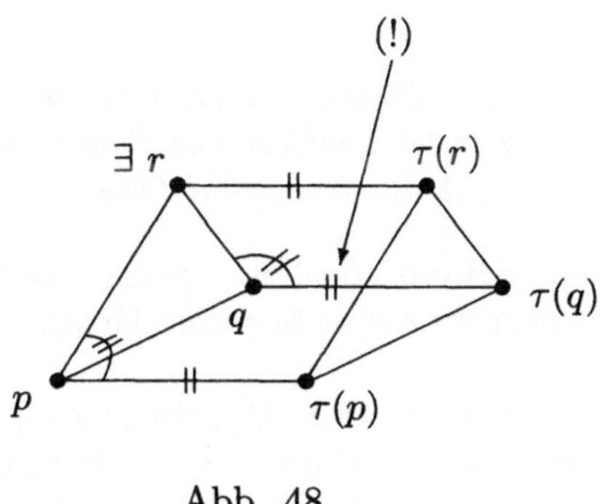

Abb. 48

Lemma 3: *Ist $\mathcal{A}$ ein affiner Raum, in dem (B_2^2) gilt, so stimmen die Translationen von $\mathcal{A}_{\text{red}}$ mit denjenigen von $\mathcal{A}$ überein.*

Beweis: Wir müssen für jede Translation τ von $\mathcal{A}_{\rm red}$ zeigen, daß jedes unabhängige Punktepaar aus $\mathcal{A}$ unter τ wieder auf ein solches abgebildet wird. (Da τ^{-1} dann ebenfalls diese Eigenschaft hat, ergibt sich dann, daß τ Affinität von $\mathcal{A}$ und somit Translation von $\mathcal{A}$ ist):

Sei (p,q) ein unabhängiges Punktepaar aus $\mathcal{A}$; nach (B_2^2) existiert ein zu $p \vee q$ und $p \vee \tau(p)$ distanter Punkt r (Abb. 49); daraus folgt sofort, daß die Punkte p, q, r ein reguläres Dreieck bilden (vgl. Anmerkung 11, "SWS") und $r \vee \tau(r)$ distant zu $p \vee \tau(p)$ ist; deshalb ist $(\tau(r), \tau(p))$ ein unabhängiges Punktepaar, und sowohl $(\tau(q) \vee \tau(r), \tau(r) \vee \tau(p))$ als auch $(\tau(r) \vee \tau(p), \tau(p) \vee \tau(q))$ sind Paare aparalleler Linien (da sowohl $(q \vee r, r \vee p)$ als auch $(r \vee p, p \vee q)$ Paare aparalleler Linien sind). Hieraus erhält man, daß die Punkte $\tau(p), \tau(q), \tau(r)$ ein reguläres Dreieck bilden (vgl. Anmerkung 11, "WSW"); insbesondere ist $(\tau(p), \tau(q))$ ein unabhängiges Punktepaar in $\mathcal{A}$. □

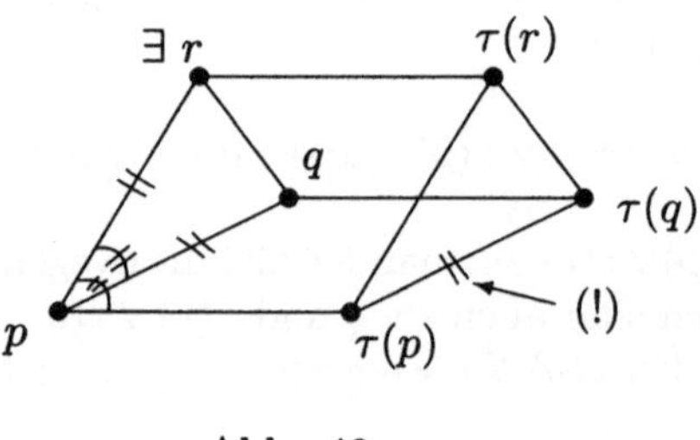

Abb. 49

Lemma 4: *In einem affinen Raum, der (B_2^2) genügt, ist jede Dilatation durch ihre Wirkung auf zwei zueinander unabhängige Punkte bereits eindeutig bestimmt; jede Translation ist dann sogar durch ihre Wirkung auf einen Punkt bestimmt.*

Beweis: Sei $\mathcal{A}$ ein affiner Raum, der (B_2^2) genügt, und wähle ein unabhängiges Punktepaar p, q in $\mathcal{A}$; ferner sei δ eine beliebige Dilatation von $\mathcal{A}$.

(a) Für jedes $x \in P$ existiert dann nach (B_2^2) ein zu $x \vee q$ und $p \vee q$ distanter Punkt x' in $\mathcal{A}$; es folgt $x \vee x' \# x \vee q$ und $x' \vee p \# x' \vee q$ (letzteres nach (U2) wegen $p \not\approx q$ und $p \vee q \# x' \vee q$), und somit ergibt sich (vgl. Abb. 50)

$$\begin{aligned} \{\delta(x)\} &= \pi(\delta(x') \mid x \vee x') \cap \pi(\delta(q) \mid x \vee q) \quad \text{und} \\ \{\delta(x')\} &= \pi(\delta(p) \mid x' \vee p) \cap \pi(\delta(q) \mid x' \vee q) \; . \end{aligned}$$

Man erhält hieraus, daß δ durch seine Wirkung auf p und q eindeutig bestimmt ist.

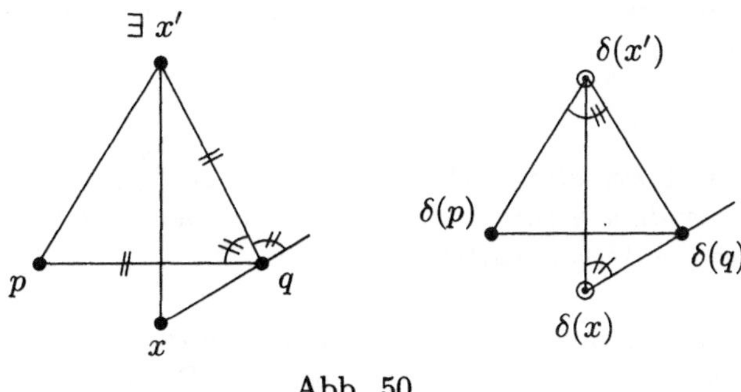

Abb. 50

(b) Ist δ sogar Translation, so wähle q distant zu $p \vee \delta(p)$ (dies ist nach (B_2^1) möglich); offensichtlich ist dann

$$\{\delta(q)\} = \pi(q \,|\, p \vee \delta(p)) \sqcap \pi(\delta(p) \,|\, p \vee q) \, .$$

Nach (a) folgt nun, daß δ bereits durch seine Wirkung auf p bestimmt ist. □

Lemma 5: *Gilt (B_2^3) oder (B_3^1) in einem affinen Raum $\mathcal{A}$ und ist die Menge der Translationen von $\mathcal{A}$ punkttransitiv, so ist in $\mathcal{A}$ die Verkettung zweier Translationen stets wieder eine Translation.*

Beweis: Seien σ, τ Translationen von $\mathcal{A}$, und wähle einen Punkt o in $\mathcal{A}$. Nach (B_2^3) bzw. (B_3^1) existiert dann ein zu $o \vee \sigma(o)$, $o \vee \tau(o)$ und $o \vee \tau\sigma(o)$ distanter Punkt p in $\mathcal{A}$; nach Voraussetzung gibt es Translationen η, ϱ von $\mathcal{A}$ mit $\eta(o) = p$ und $\varrho(o) = \tau\sigma(o)$ (Abb. 51).

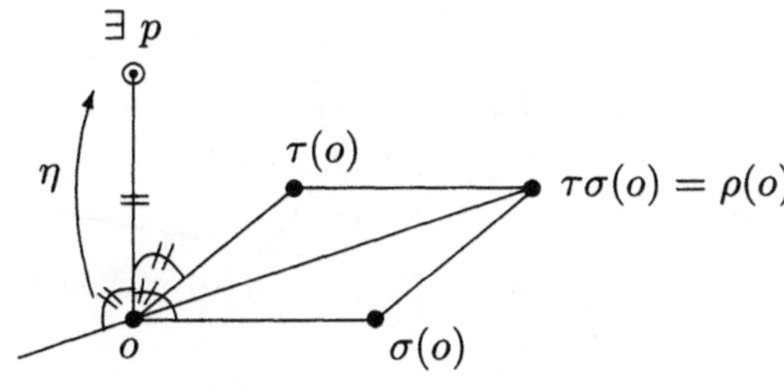

Abb. 51

Folglich ist η aparallel zu σ, τ und ϱ. Nach Lemma 1 (a) ergibt sich nun $\eta\sigma = \sigma\eta$, $\eta\tau = \tau\eta$ und $\eta\varrho = \varrho\eta$. Dann ist $\tau\sigma(p) = \tau\sigma\eta(o) = \tau\eta\sigma(o) = \eta\tau\sigma(o) = \eta\varrho(o) = \varrho\eta(o) = \varrho(p)$; also sind $\tau\sigma$ und ϱ Dilatationen von $\mathcal{A}$, die auf o und p

miteinander übereinstimmen, und nach Lemma 4 folgt $\tau\sigma = \varrho$ (beachte, daß (B_3^1) stets (B_2^2) impliziert). □

Lemma 6: *Sei $\mathcal{A}$ ein affiner Raum, der (B_2^2) genügt, und bezeichne M die Menge aller Translationen von $\mathcal{A}$. Dann sind für jeden Punkt o von $\mathcal{A}$ sämtliche o-Streckungen von $\mathcal{A}$ M-kompatibel.*

Beweis: Sei δ eine o-Streckung von $\mathcal{A}$, und seien $\sigma, \tau \in M$ mit $\sigma(o) = \delta\tau(o)$. Nach (B_2^1) existiert dann ein zu $o \vee \tau(o)$ distanter Punkt p in $\mathcal{A}$. Es folgt, daß $o \vee p$ und $o \vee \tau(o)$ zueinander aparallel sind; also sind auch $\pi(\sigma(o) \mid o \vee p)$ und $\pi(\delta(p) \mid o \vee \tau(o))$ zueinander aparallel; wegen

$$\sigma(o) \vee \sigma(\delta(p)) \parallel o \vee \delta(p) \subseteq o \vee p \qquad \text{und}$$
$$\sigma(o) \vee \delta\tau(p) = \delta\tau(o) \vee \delta\tau(p) \subseteq\parallel o \vee p$$

einerseits und

$$\delta(p) \vee \sigma(\delta(p)) \parallel o \vee \sigma(o) = o \vee \delta\tau(o) \subseteq o \vee \tau(o) \qquad \text{und}$$
$$\delta(p) \vee \delta(\tau(p)) \subseteq\parallel p \vee \tau(p) \parallel o \vee \tau(o)$$

andererseits sind $\sigma\delta(p)$ und $\delta\tau(p)$ sowohl in $\pi(\sigma(o) \mid o \vee p)$ als auch in $\pi(\delta(p) \mid o \vee \tau(o))$ enthalten; somit ist $\sigma\delta(p) = \delta\tau(p)$ (Abb. 52).

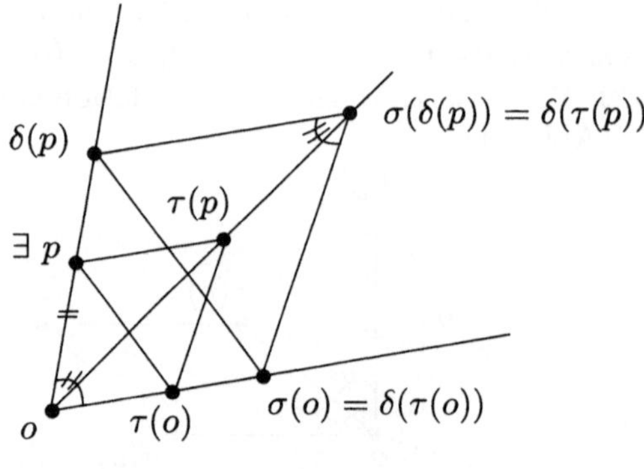

Abb. 52

Da nun die Dilatationen $\sigma\delta$ und $\delta\tau$ auf den zueinander unabhängigen Punkten o und p miteinander übereinstimmen, sind sie nach Lemma 4 (weil (B_2^2) in $\mathcal{A}$ gilt) bereits gleich. □

Lemma 7: *Sei $\mathcal{A}$ ein affiner Raum, der (B_2^2) genügt, und sei für einen Punkt o aus $\mathcal{A}$ die Menge aller o-Streckungen maximal transitiv; dann gilt für jeden Punkt p aus $\mathcal{A}$: Es ist p unabhängig zu o genau dann, wenn jede o-Streckung von $\mathcal{A}$ durch ihre Wirkung auf p bereits eindeutig bestimmt ist.*

Beweis: **(a)** Sind o, p zueinander unabhängig, so ist nach Lemma 4 jede o-Streckung durch ihre Wirkung auf p bereits eindeutig bestimmt (hierbei geht (B_2^2) ein).

(b) Sei nun vorausgesetzt, daß jede o-Streckung durch ihre Wirkung auf p eindeutig bestimmt ist. Nach (B_2^1) existiert ein zu $o \vee p$ distanter Punkt q in $\mathcal{A}$. Angenommen, es gibt einen von q verschiedenen Punkt r auf $o \vee q$ und $p \vee q$; da die o-Streckungen von $\mathcal{A}$ maximal transitiv sind, existiert dann eine o-Streckung δ von $\mathcal{A}$, die q in r überführt; $\delta(q) = r \in p \vee q$ impliziert $\delta(p) \in p \vee q$, und da $o \vee p$ aparallel zu $p \vee q$ ist, ergibt sich wegen $\delta(p) \in o \vee p$ nunmehr $\delta(p) = p$; nach Voraussetzung muß δ also die identische Abbildung auf der Punktemenge von $\mathcal{A}$ sein — im Widerspruch zu $\delta(q) = r \neq q$. Wir erhalten, daß $o \vee q$ und $p \vee q$ zueinander aparallel sind; da q distant zu $o \vee p$ ist, folgt jetzt nach (U2), daß p unabhängig zu o ist. □

Zusammen mit Korollar 1 erhält man aus Lemma 1 bis Lemma 7 unmittelbar das Hauptergebnis dieses Paragraphen:

Satz 10: *Sei $\mathcal{A}$ ein affiner Raum, der (A_2) und (B_2^3) oder (B_3^1) genügt[27]. Ist dann in $\mathcal{A}_{\mathrm{red}}$ die Menge der Translationen punkttransitiv und für einen Punkt o die Menge der o-Streckungen maximal transitiv, so bilden die Translationen von $\mathcal{A}_{\mathrm{red}}$ eine abelsche Gruppe* $\mathtt{M}$, *und es gilt*

$$\mathcal{A} \simeq \mathcal{A}({}_R\mathtt{M}) \quad \text{für} \quad R := \mathrm{Ker}_{\mathcal{A}}(\mathtt{M}).$$

[27]Beachte, daß (B_3^1) bereits (A_2) impliziert.

9 n-arguesische affine Räume

Unter Verwendung gewisser Reichhaltigkeitsbedingungen und Schließungssätze werden wir in diesem Paragraphen punkttransitive Translationsmengen und maximal transitive Mengen von o-Streckungen konstruieren, um dann im Rückgriff auf Satz 10 einen algebraischen Darstellungssatz für bestimmte n-arguesische affine Räume zu erzielen.

Zur Notation: Sei $\mathcal{S} := (P, \mathcal{G}, \|)$ ein Liniensystem mit Parallelismus; ein *Fernpunkt* von $\mathcal{S}$ ist definiert als Parallelbüschel $\pi(l)$ einer Linie l von $\mathcal{S}$, also

$$\pi(l) := \{k \in \mathcal{G} \mid k \parallel l\};$$

für jeden Punkt p aus $\mathcal{S}$ bezeichne dann $p \vee \pi(l) := \pi(p \mid l)$ die "Verbindungslinie" von p mit dem Fernpunkt $\pi(l)$; wir nennen $\pi(l)$ *distant* zu einer affinen Linearmenge U von $\mathcal{S}$, falls l aparallel zu U ist; insbesondere sind ein Punkt und ein Fernpunkt stets zueinander distant.

Sei nun o ein Punkt bzw. ein Fernpunkt von $\mathcal{S}$, und seien $\underline{a} := (a_1, \ldots, a_n)$ und $\underline{b} := (b_1, \ldots, b_n)$ n-Tupel von Punkten aus $\mathcal{S}$. Dann heiße $\underline{a}$ *kantenteilparallel zu* $\underline{b}$ *über* o, falls

$$\begin{aligned} a_i \vee o &\subseteq b_i \vee o \quad \text{für } i = 1, \ldots, n \qquad \text{und} \\ a_{i-1} \vee a_i &\subseteq\parallel b_{i-1} \vee b_i \quad \text{für } i = 2, \ldots, n \end{aligned}$$

ist (Abb. 53); falls $\underline{a}$ zu $\underline{b}$ und $\underline{b}$ zu $\underline{a}$ kantenteilparallel über o ist, so nennen wir $\underline{a}$ und $\underline{b}$ *kantenparallel über* o.

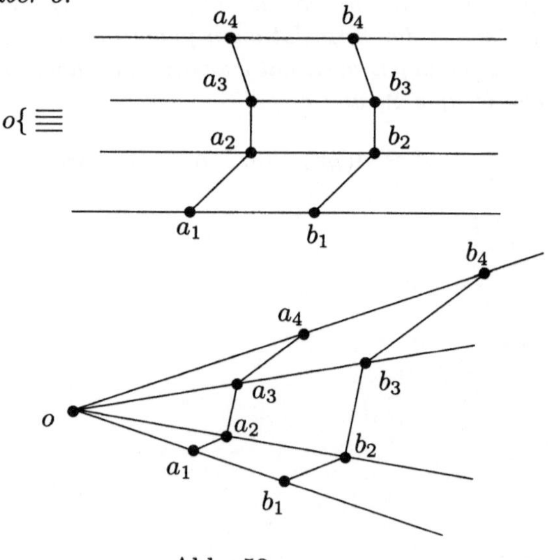

Abb. 53

$(\underline{a} \mid o)$ bezeichne die sogenannte "n-Pyramide über $\underline{a}$ mit Spitze o"; wir definieren dann $(\underline{a} \mid o)$ als *kantenteilparallel zu* $(\underline{b} \mid o)$, falls $(a_1, \ldots, a_n, a_1)$ kantenteilparallel zu $(b_1, \ldots, b_n, b_1)$ über o ist (Abb. 54); $(\underline{a} \mid o)$ ist *kantenparallel* zu $(\underline{b} \mid o)$, falls $(\underline{a} \mid o)$ zu $(\underline{b} \mid o)$ und $(\underline{b} \mid o)$ zu $(\underline{a} \mid o)$ kantenteilparallel ist.

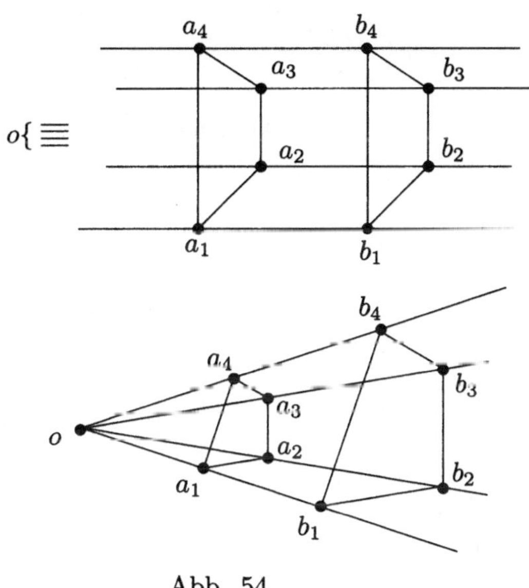

Abb. 54

Für alle natürlichen Zahlen $n \geqslant 2$ stellen wir jetzt folgende Schließungsaussagen auf:

(d$_n$) **"Kleiner n-arguesischer Satz"** Sind $a_1, b_1, \ldots, b_n$ Punkte und ist o ein Fernpunkt von $\mathcal{S}$ mit $a_1 \vee o \subseteq b_1 \vee o$, so existieren stets Punkte $a_2, \ldots, a_n$ in $\mathcal{S}$ derart, daß $(a_1, \ldots, a_n \mid o)$ kantenteilparallel zu $(b_1, \ldots, b_n \mid o)$ ist (Abb. 55).

($\mathcal{D}_n$) **"Allgemeiner n-arguesischer Satz"** Sind $a_1, b_1, \ldots, b_n$ Punkte und ist o ein Punkt oder ein Fernpunkt von $\mathcal{S}$ mit $a_1 \vee o \subseteq b_1 \vee o$, so existieren stets Punkte $a_2, \ldots, a_n$ in $\mathcal{S}$ derart, daß $(a_1, \ldots, a_n \mid o)$ kantenteilparallel zu $(b_1, \ldots, b_n \mid o)$ ist (Abb. 56).[28]

Ein Liniensystem mit Parallelismus, welches dem allgemeinen n-arguesischen Satz $(\mathcal{D}_n)$ genügt, heiße *vollständig n-arguesisch.*

[28] Die hier aufgeführte Bedingung findet sich in abweichender Terminologie bereits in [Wille 70, S.16ff].

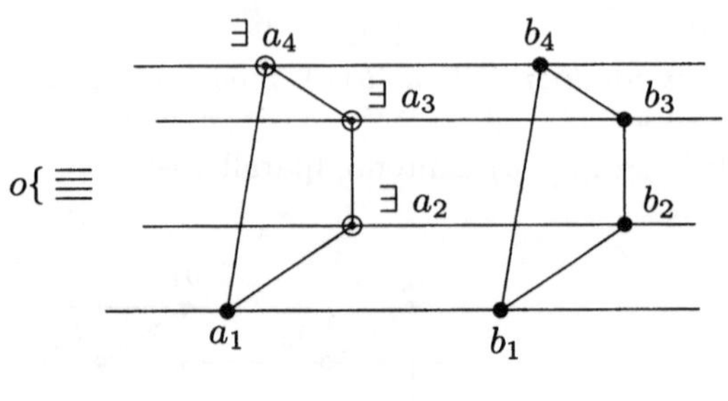

Abb. 55

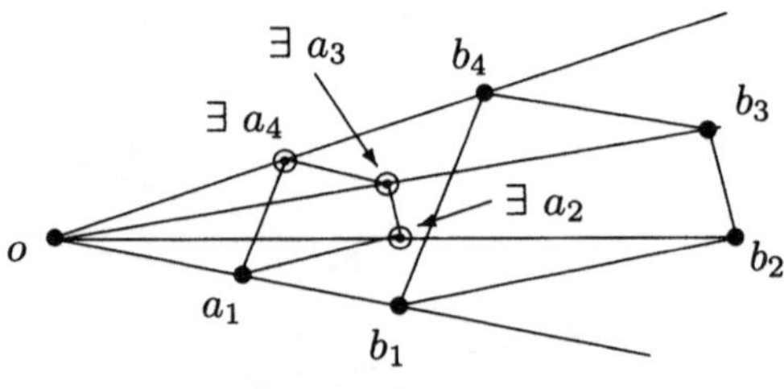

Abb. 56

Anmerkung 12: **(a)** Der kleine n-arguesische Satz (d_n) ist zu folgender Aussage äquivalent:

> Zu Punkten $a_1, b_1, \ldots, b_n$ aus $\mathcal{S}$ mit $a_1 \neq b_1$ existieren stets Punkte $a_2, \ldots, a_n$ in $\mathcal{S}$ derart, daß $(a_1, \ldots, a_n \mid o)$ kantenteilparallel zu $(b_1, \ldots, b_n \mid o)$ ist für $o := \pi(a_1 \vee b_1)$.

(b) Der kleine 2-arguesische Satz ist äquivalent zum Parallelogrammaxiom (▱), und der allgemeine 2-arguesische Satz ist äquivalent zum Axiomenpaar (▱) und (◿); insbesondere ist jedes affine Liniensystem vollständig 2-arguesisch; ein klassisches Liniensystem mit Parallelismus ist genau dann vollständig 2-arguesisch, wenn es ein affines Liniensystem ist (vgl. Anmerkung 1(b)). Ein vollständig 3-arguesisches Liniensystem bezeichne man auch als "desarguessch" (vgl. [Wille 70, S.16f]).

(c) Ist δ Dilatation von $\mathcal{S}$ und ist o ein Punkt bzw. Fernpunkt von $\mathcal{S}$, welcher unter δ festbleibt, so gilt für beliebige Punkte $p_1, \ldots, p_n$ aus $\mathcal{S}$, daß $(\delta(p_1), \ldots, \delta(p_n) \mid o)$ kantenteilparallel zu $(p_1, \ldots, p_n \mid o)$ ist. Falls also in $\mathcal{S}$ die Menge der Translationen punkttransitiv ist, so gilt in $\mathcal{S}$ der kleine n-arguesische Satz für alle $n \geqslant 2$; und falls zusätzlich in $\mathcal{S}$ die Menge der o-Streckungen für einen (und damit jeden) Punkt o aus $\mathcal{S}$ maximal transitiv ist, so gilt in $\mathcal{S}$ der allgemeine n-arguesische Satz für alle $n \geqslant 2$. Insbesondere ist $\mathcal{S}$ vollständig n-arguesisch für alle $n \geqslant 2$, wenn man $\mathcal{S}$ als modulinduziert voraussetzt.

Im weiteren benötigen wir folgenden modifizierten Typ von Schließungsaussage für affine Räume; ausgehend von einem affinen Raum $\mathcal{A}$ und einer natürlichen Zahl $n \geqslant 2$ zeichnen wir als Bedingung aus:

($\mathbf{D}_n$) **"Großer n-arguesischer Satz"** Sind $a_1, b_1, \ldots, b_n$ und o Punkte von $\mathcal{A}$ mit $a_1 \in b_1 \vee o$ und ist b_1 distant zu o, so existieren stets Punkte $a_2, \ldots, a_n$ in $\mathcal{A}$ derart, daß $(a_1, \ldots, a_n \,|\, o)$ kantenteilparallel zu $(b_1, \ldots, b_n \,|\, o)$ ist (Abb. 57).

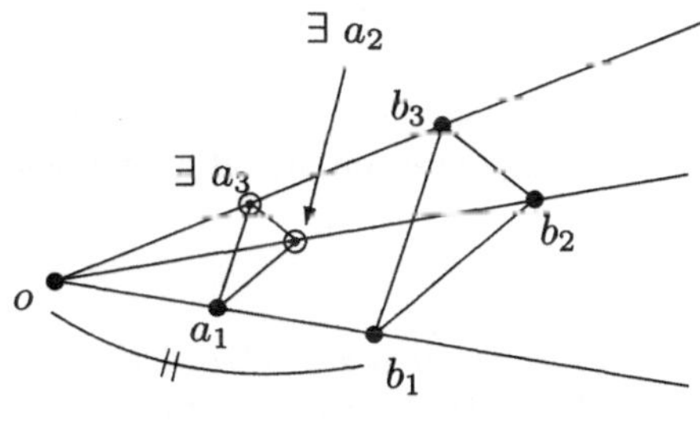

Abb. 57

Genügt $\mathcal{A}$ dem kleinen und dem großen n-arguesischen Satz, so definieren wir $\mathcal{A}$ als *n-arguesisch*.[29]

Unter Verwendung der n-arguesischen Sätze wollen wir nun Translationen und o-Streckungen konstruieren; vorbereitend führen wir eine allgemeine

Diskussion: Seien A, B Mengen; eine *partielle Abbildung von A nach B* ist dann definiert als Abbildung $\alpha : A' \to B'$ mit $A' \subseteq A$ und $B' \subseteq B$; eine Familie $F := (\alpha_i : A_i \to B_i)_{i \in I}$ von partiellen Abbildungen von A nach B nennen wir *verträglich*, falls $\alpha_i(x) = \alpha_j(x)$ für alle $x \in A_i \cap A_j$ und alle $i, j \in I$ gilt; dies ist offensichtlich genau dann der Fall, wenn eine Abbildung $\alpha : \bigcup_{i \in I} A_i \to \bigcup_{i \in I} B_i$ mit $\alpha(x) = \alpha_i(x)$ für alle $x \in A_i$ und alle $i \in I$ existiert; α heißt dann die

[29] $\mathcal{A}$ ist also genau dann n-arguesisch, wenn für beliebige Punkte $b_1, \ldots, b_n$ und für jeden zu b_1 distanten Punkt bzw. Fernpunkt o von $\mathcal{A}$ gilt: Ist $a_1 \in b_1 \vee o$, so existieren stets Punkte $a_2, \ldots, a_n$ in $\mathcal{A}$, für die $(a_1, \ldots, a_n \,|\, o)$ kantenteilparallel zu $(b_1, \ldots, b_n \,|\, o)$ ist.

Konjunktion von F; ferner definieren wir F als *quellüberdeckend*, falls $\bigcup_{i\in I} A_i = A$ ist und als *zielüberdeckend*, falls $\bigcup_{i\in I} B_i = B$ gilt; F ist überdeckend, falls F quell- und zielüberdeckend ist. Existiert zu $x, y \in A$ stets ein $i \in I$ mit $x, y \in A_i$, so nennen wir F *stark quellüberdeckend*; ist F überdeckend und verträglich, so ist die Konjunktion α von F eine Abbildung von A nach B; ist dabei zusätzlich jedes $\alpha_i : A_i \to B_i$ bijektiv, so ist auch $\alpha : A \to B$ bijektiv. Für $o \in A$ heiße F eine o-Familie, falls $o \in A_i$ für alle $i \in I$ gilt.

Ist $\mathcal{S} := (P, \mathcal{G}, \|)$ ein Liniensystem mit Parallelismus, so bezeichnen wir eine partielle Abbildung von P nach P auch als *partielle Abbildung von* $\mathcal{S}$; unter einer *partiellen Translation von* $\mathcal{S}$ verstehen wir eine Bijektion $\sigma : P' \to P''$, die eine partielle Abbildung von $\mathcal{S}$ ist derart, daß $(x, y \,|\, \sigma(x), \sigma(y))$ ein Parallelogramm bildet für alle $x, y \in P'$; allgemeiner bezeichnen wir eine Abbildung $\gamma : P' \to P''$ als *partielle Dilatation von* $\mathcal{S}$, falls γ eine partielle Abbildung von $\mathcal{S}$ ist, die

$$\gamma(x) \vee \gamma(y) \subseteq\| \, x \vee y$$

für alle $x, y \in P'$ erfüllt; läßt γ dabei ein $o \in P'$ fest, so nennen wir γ eine *partielle* o-*Streckung von* $\mathcal{S}$. Für die angestrebten Abbildungskonstruktionen formulieren wir als

Kriterium 4: *Ist $\mathcal{S}$ ein Liniensystem mit Parallelismus, so gilt:*
(a) *Die Konjunktion jeder stark überdeckenden (d.h. stark quellüberdeckenden und zielüberdeckenden), verträglichen Familie partieller Translationen von $\mathcal{S}$ ist bereits eine Translation von $\mathcal{S}$.*
(b) *Für jeden Punkt o von $\mathcal{S}$ ist die Konjunktion einer beliebigen stark quellüberdeckenden, verträglichen o-Familie partieller o-Streckungen von $\mathcal{S}$ bereits eine o-Streckung von $\mathcal{S}$.*

Sei ab jetzt $\mathcal{A}$ als affines Liniensystem mit ausgezeichnetem Fernpunkt o *oder* aber $\mathcal{A}$ als affiner Raum mit ausgezeichnetem Punkt o vorausgesetzt; dabei bezeichne P die Punktmenge von $\mathcal{A}$, und es sei

$$P_p := \{x \in P \,|\, x \vee p \,\#\, x \vee o\}$$

für alle $p \in P$ gesetzt.

Konstruktion: Für alle $p, p' \in P$ mit $p' \in p \vee o$ und $p' \neq p$ definieren wir eine partielle Abbildung $\alpha_{p,p'}$ von $\mathcal{A}$ in folgender Weise:

$\alpha_{p,p'} : P_p \to P_{p'}$ sei diejenige Zuordnung, die jeden Punkt x aus P_p in den eindeutig bestimmten Schnittpunkt x' von $x \vee o$ und $\pi(p' \,|\, x \vee p)$ überführt (vgl. Abb. 58 – die Existenz von x' folgt aus (▱) bzw. (⊿)).

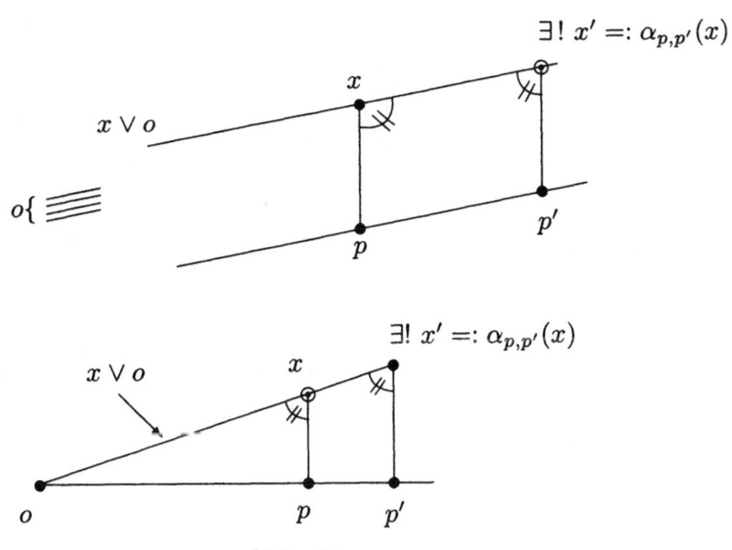

Abb. 58

Im Falle $p' \vee o = p \vee o$ prüft man leicht nach (unter erneuter Anwendung von (▱) bzw. (⊿)), daß $\alpha_{p,p'}$ und $\alpha_{p',p}$ zueinander invers sind — insbesondere ist dann $x' \vee p' \parallel x \vee p$ für alle $x \in P_p$ (und $x' := \alpha_{p,p'}(x)$). Ist $o = \pi(p \vee p')$, so folgt für $x \in P_p$ und $x' := \alpha_{p,p'}(x)$ wegen

$$\pi(p \,|\, x \vee x') \cap \pi(x' \,|\, x \vee p) \neq \emptyset$$

(nach (▱)) und $(p \vee p') \cap \pi(x' \,|\, x \vee p) = \{p'\}$ (da $x \vee p \# x \vee o \parallel p \vee p'$) bereits

$$\pi(p \,|\, x \vee x') \cap \pi(x' \,|\, x \vee p) = \{p'\}$$

— und also ist $p \vee p' \subseteq\parallel x \vee x' \subseteq\parallel p \vee p'$, d.h. $p \vee p' \parallel x \vee x'$; man überprüft nun in einfacher Weise die Richtigkeit folgender Aussagen:[30]

(1) Wenn (d_3) in $\mathcal{A}$ gilt und $o = \pi(p \vee p')$ ist, dann bildet $\alpha_{p,p'}$ eine partielle Translation von $\mathcal{A}$, die $\alpha_{p',p}$ als Umkehrung besitzt (Abb. 59).

(1*) Wenn (D_3) in $\mathcal{A}$ gilt, o in P liegt und p distant zu o ist, dann bildet $\alpha_{p,p'}$ eine partielle o-Streckung von $\mathcal{A}$ (Abb. 60).

[30]Sind x' bzw. y' die Bilder von Punkten x, y aus P_p unter $\alpha_{p,p'}$, so folgt im Fall von (1) nach zweimaliger Anwendung von (d_3), daß $(p', x', y' \,|\, o)$ kantenparallel zu $(p, x, y \,|\, o)$ ist, und man erhält $x' \vee y' \parallel x \vee y$ — ferner ist in diesem Fall (nach Obigem) stets $x \vee x' \parallel p \vee p' \parallel y \vee y'$. Im Fall von (1*) ergibt sich nach (D_3), daß $(p', x', y' \,|\, o)$ kantenteilparallel zu $(p, x, y \,|\, o)$ ist, und damit gilt $x' \vee y' \subseteq\parallel x \vee y$.

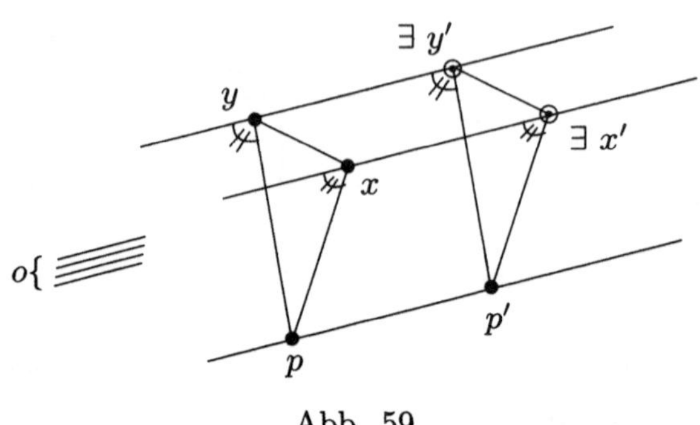

Abb. 59

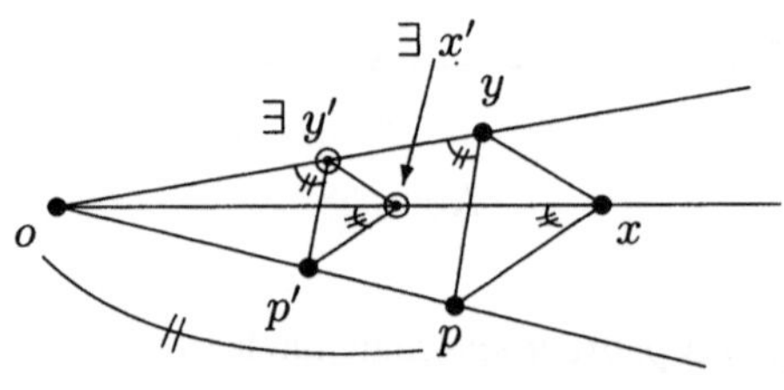

Abb. 60

Um Kriterium 4 anwenden zu können, machen wir noch einige zusätzliche Überlegungen: Sei I die Menge aller Punktepaare (p, p') aus $\mathcal{A}$, für die p distant zu o ist und p' von p verschieden ist und auf $p \vee o$ liegt; für alle (p, p'), $(q, q') \in I$ schreiben wir $(p, p') \sim (q, q')$ genau dann, wenn $\alpha_{p,p'}(x) = \alpha_{q,q'}(x)$ für ein $x \in P_p \cap P_q$ mit $p, q \in P_x$ gilt; für jedes beliebige $(p, p') \in I$ setzen wir nun

$$I_{(p,p')} := \{(q, q') \in I \mid (p, p') \sim (q, q')\}$$

und fragen uns, wann $F := (\alpha_{q,q'})_{(q,q') \in I_{(p,p')}}$ eine stark (quell)überdeckende, verträgliche Familie partieller Dilatationen von $\mathcal{A}$ ist; nach Kriterium 4 ist dann die Konjunktion von F eine Dilatation von $\mathcal{A}$, die o festläßt und p in p' überführt.

Wir gehen in mehreren Schritten vor (in Fortführung von (1) und (1*)):

(2) Wenn (d_4) in $\mathcal{A}$ gilt und $o = \pi(p \vee p')$ ist *oder* (D_4) in $\mathcal{A}$ gilt und $o \in P$ ist, dann folgt aus $(p, p') \sim (q, q')$ stets, daß $\alpha_{p,p'}$ und $\alpha_{q,q'}$ verträglich sind (d.h. $\alpha_{p,p'}(y) = \alpha_{q,q'}(y)$ gilt für alle $y \in P_p \cap P_q$).

Begründung: Nach Voraussetzung ist $x' := \alpha_{p,p'}(x) = \alpha_{q,q'}(x)$ für ein $x \in P_p \cap P_q$ mit $p, q \in P_x$; für jedes weitere $y \in P_p \cap P_q$ existiert dann nach (d_4) bzw.

(D$_4$) genau (!) ein y' derart, daß $(p', x', q', y' \mid o)$ kantenteilparallel zu $(p, x, q, y \mid o)$ ist, und es ergibt sich $\alpha_{p,p'}(y) = y' = \alpha_{q,q'}(y)$ – vgl. Abb. 61.

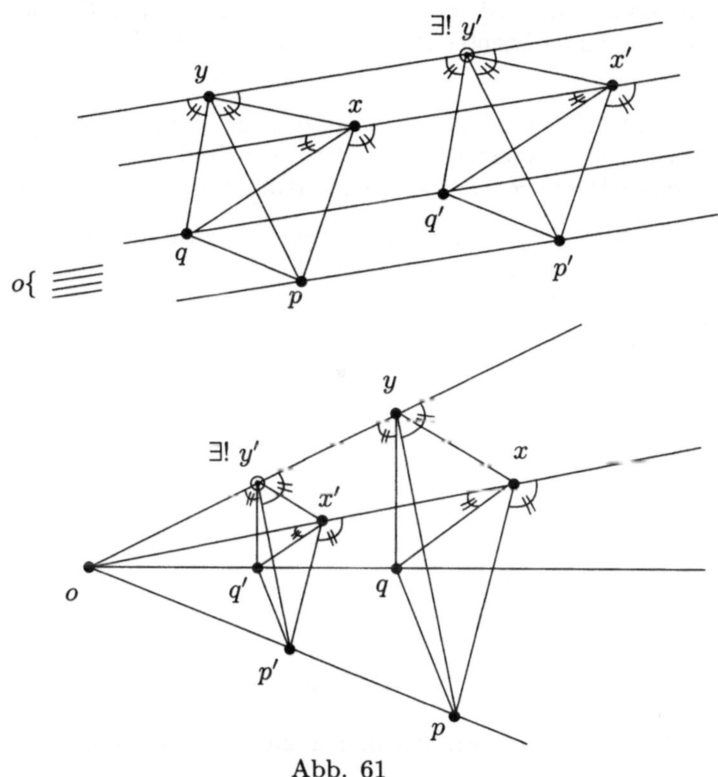

Abb. 61

(3) Wenn (d$_4$) und (A$_3$) in $\mathcal{A}$ gelten und $o = \pi(p \vee p')$ ist *oder* (D$_4$) und (B$_2^3$) in $\mathcal{A}$ gelten und $o \in P$ ist, dann ist $(q, q') \sim (r, r')$ für alle $(q, q'), (r, r') \in I_{(p,p')}$; insbesondere folgt nunmehr gemäß (2), daß F verträglich ist.

Begründung: Nach (A$_3$) bzw. (B$_2^3$) existiert ein $z \in P_p \cap P_q \cap P_r$ mit $p, q, r \in P_z$; wegen (2) folgt aus $(q, q'), (r, r') \in I_{(p,p')}$ dann $\alpha_{q,q'}(z) = \alpha_{p,p'}(z) = \alpha_{r,r'}(z)$ — und es ergibt sich $(q, q') \sim (r, r')$.

(4) Unter den Voraussetzungen von (3) existiert in $\mathcal{A}$ für $(p, p') \in I$ und zu jedem zu o distanten Punkt q genau ein $q' \in P$ mit $(p, p') \sim (q, q')$; ferner existiert zu $x, y \in P$ stets ein zu o distanter Punkt q in $\mathcal{A}$ mit $x, y \in P_q$; hieraus folgt sofort, daß F stark (quell-)überdeckend ist.

Begründung: Nach (A_2) bzw. (B_2^2) existiert in $\mathcal{A}$ ein zu o distanter Punkt $r \in P_p \cap P_q$ mit $p, q \in P_r$; für $r' := \alpha_{p,p'}(r)$ und $q' := \alpha_{r,r'}(q)$ ist dann $(p,p'), (q,q') \in I_{(r,r')}$ — und gemäß (3) folgt $(p,p') \sim (q,q')$ (hieraus ergibt sich auch sofort die Eindeutigkeit von q'). Außerdem existiert für beliebige $x, y \in P$ (wiederum nach (A_2) und (B_2^2)) ein zu o distanter Punkt q in $\mathcal{A}$ mit $x, y \in P_q$.

(5) Gilt (A_1) bzw. (B_2^1) in $\mathcal{A}$ und sind a, a' beliebige Punkte von $\mathcal{A}$ mit $a' \in a \vee o$ und $a' \neq a$, so existiert ein zu o distanter Punkt p in $\mathcal{A}$ und ein von p verschiedener Punkt p' auf $p \vee o$ derart, daß $a \in P_p$ ist und $\alpha_{p,p'}(a) = a'$ gilt.

Begründung: Nach (A_1) bzw. (B_2^1) existiert ein zu o distanter Punkt p in $\mathcal{A}$ mit $a \in P_p$; nach (▱) bzw. (⊿) existiert dann ein $p' \in (p \vee o) \cap \pi(a' \mid a \vee p)$ (Abb. 62); folglich ist $\{a'\} = (a \vee o) \cap \pi(p' \mid a \vee p)$ (da $a \vee o \mathbin{\#} a \vee p$), d.h. $\alpha_{p,p'}(a) = a'$.

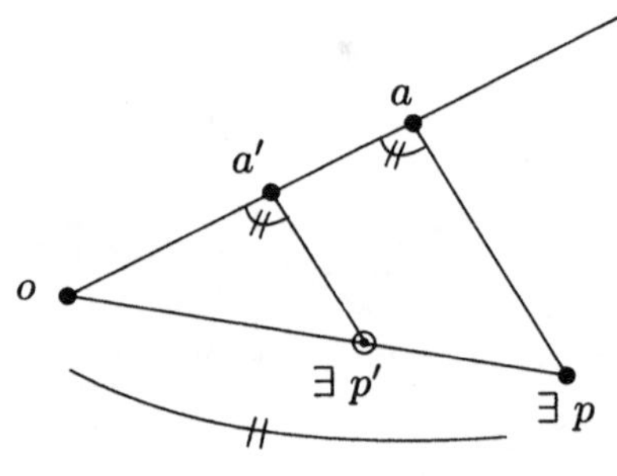

Abb. 62

Aus (1) bis (5) erhalten wir zusammen mit Kriterium 4 den

Satz 11: **(a)** *In einem affinen Liniensystem, welches (d_4) und (A_3) genügt, ist die Menge der Translationen punkttransitiv.*
(b) *Ist $\mathcal{A}$ ein affiner Raum, der (D_4) und (B_2^3) genügt, so ist für jeden Punkt o in $\mathcal{A}$ die Menge der o-Streckungen von $\mathcal{A}$ maximal transitiv.*

Zusammen mit Satz 10 ergibt sich als

Korollar 2: *Jeder 4-arguesische affine Raum, der (A_3) und (B_2^3) genügt, ist modulinduziert.*

Bemerkung 4: Gegeben sei eine beliebige natürliche Zahl $n \geqslant 3$.

(a) Für affine Liniensysteme folgt aus (A_n) und (d_3) bereits (d_n).

(b) Für affine Räume folgt aus (B_2^n) und (D_3) bereits (D_n).

Beweis: Sei $\mathcal{A}$ ein affines Liniensystem, welches (A_n) und (d_3) genügt, und sei o ein Fernpunkt von $\mathcal{A}$ – *oder* aber sei $\mathcal{A}$ ein affiner Raum, welcher (B_2^n) und (D_3) genügt, und sei o ein Punkt von $\mathcal{A}$. — Wir setzen wieder

$$P_p := \{x \in P \mid x \vee p \# x \vee o\}$$

für alle $p \in P$, wobei P die Punktmenge von $\mathcal{A}$ bezeichne.

Seien nun $a_1, b_1, \ldots, b_n \in P$ derart, daß b_1 distant zu o ist und $a_1 \in b_1 \vee o$ gilt. Nach (A_n) bzw. (B_2^n) existiert dann ein zu o distanter Punkt b in $\mathcal{A}$ mit $b \in P_{b_1}$ und $b_1, \ldots, b_n \in P_b$. Nach (▱) bzw. (◺) hat dann $b \vee o$ mit $\pi(a_1 \mid b \vee b_1)$ genau einen Schnittpunkt a; ferner existieren (wieder nach (▱) bzw. (◺)) für $i = 2, \ldots, n$ eindeutig bestimmte Schnittpunkte a_i von $b_i \vee o$ und $\pi(a \mid b_i \vee b)$ (Abb. 63); nach (d_3) bzw. (D_3) folgt nun, daß $(a, a_i, a_j \mid o)$ kantenteilparallel zu $(b, b_i, b_j \mid o)$ ist für alle $i, j \in \{1, \ldots n\}$; insbesondere ist $(a_1, \ldots, a_n \mid o)$ kantenteilparallel zu $(b_1, \ldots, b_n \mid o)$; damit haben wir die Gültigkeit von (d_n) bzw. (D_n) in $\mathcal{A}$ gezeigt. □

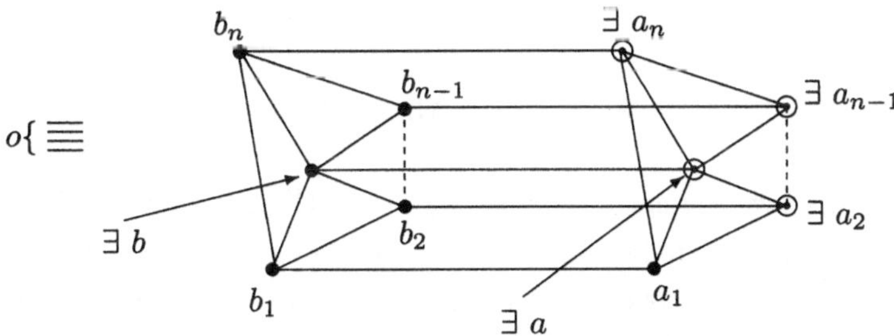

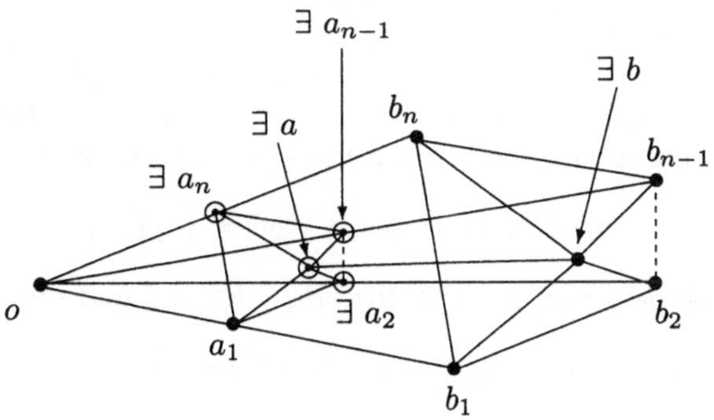

Abb. 63

Zusammen mit dem letzten Korollar erhalten wir als

Anwendung 1: *Jeder 3-arguesische affine Raum, der* (A_4) *und* (B_2^4) *genügt, ist modulinduziert.*

Abschließend geben wir ein Reichhaltigkeitskriterium an, welches garantiert, daß ein affiner Raum 3-arguesisch ist; für jeden affinen Raum $\mathcal{A}$ zeichnen wir folgende Bedingung aus:

(BX) Ist o ein beliebiger Punkt bzw. Fernpunkt von $\mathcal{A}$, so existiert für Punkte b_1, b_2, b_3 aus $\mathcal{A}$ stets ein zu $o \vee b_1 \vee b_2$, $o \vee b_1 \vee b_3$ und $o \vee b_2 \vee b_3$ distanter Punkt in $\mathcal{A}$ (Abb. 64).

Abb. 64

Beispielsweise folgt (BX) aus (B_4^1) – und (BX) impliziert (A_3), (B_2^3) und (B_3^1).

Bemerkung 5: Jeder affine Raum, der (BX) genügt, ist 3-arguesisch.

Beweis: Sei $\mathcal{A} = (P, \mathcal{G}, \|, \%)$ ein affiner Raum, der (BX) genügt, und sei o ein Punkt bzw. Fernpunkt von $\mathcal{A}$; ferner seien $a_1, b_1, b_2, b_3 \in P$ derart, daß b_1 distant zu o und $a_1 \in b_1 \vee o$ ist.

Nach (BX) existiert dann ein zu $o \vee b_1 \vee b_2$, $o \vee b_1 \vee b_3$ und $o \vee b_2 \vee b_3$ distanter Punkt b in $\mathcal{A}$. Es folgt $b \vee o \# b \vee b_1$ (da b distant zu $b_1 \vee o$ und außerdem b_1 distant zu o ist.); hieraus ergibt sich nach (▱) bzw. (◿) die Existenz eines eindeutigen Schnittpunktes a von $b \vee o$ und $\pi(a_1 \,|\, b \vee b_1)$. Für $j \in \{2, 3\}$ erhält man aus $b \vee b_j \# o \vee b_1 \vee b_j$ sofort $\pi(a \,|\, b \vee b_j) \# o \vee b_1 \vee b_j$; nach (▱) bzw. (◿) haben daher $\pi(a \,|\, b \vee b_j)$ und $b_j \vee o$ genau einen Punkt a_j gemeinsam (Abb. 65); also ist

$$\pi(a \,|\, b \vee b_j) \cap (o \vee b_1 \vee b_j) = \{a_j\}.$$

Nach (Δ^Δ) ist außerdem $\pi(a \,|\, b \vee b_j) \cap \pi(a_1 \,|\, b_1 \vee b_j) \neq \emptyset$ und somit

$$\pi(a \,|\, b \vee b_j) \cap \pi(a_1 \,|\, b_1 \vee b_j) = \{a_j\}$$

(da $\pi(a_1 \,|\, b_1 \vee b_j) \subseteq o \vee b_1 \vee b_j$). Wir behaupten nun, daß gilt:

$$a_2 \vee a_3 \subseteq\| \, b_2 \vee b_3.$$

Denn es ist $\pi(a \mid b \vee b_3) \cap \pi(a_2 \mid b_2 \vee b_3) \neq \emptyset$ (wegen (Δ^{Δ})) und $\pi(a \mid b \vee b_3) \cap (o \vee b_2 \vee b_3) = \{a_3\}$ (da $b \vee b_3 \# o \vee b_2 \vee b_3$), also $\pi(a \mid b \vee b_3) \cap \pi(a_2 \mid b_2 \vee b_3) = \{a_3\}$. Insgesamt erhalten wir jetzt, daß $(a_1, a_2, a_3 \mid o)$ kantenteilparallel zu $(b_1, b_2, b_3 \mid o)$ ist. Damit ist die Gültigkeit von (d_3) und (D_3) in $\mathcal{A}$ gezeigt. □

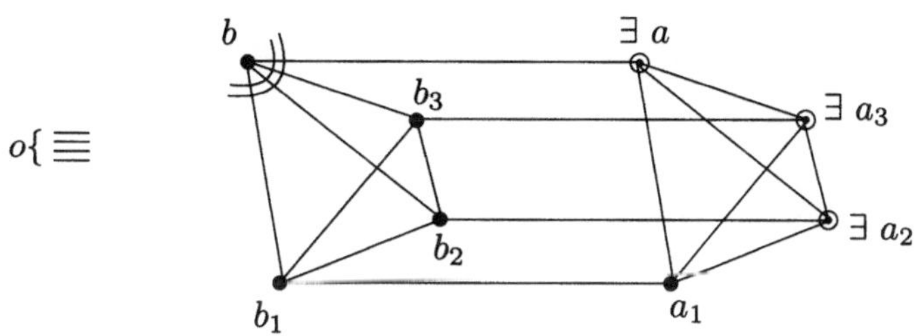

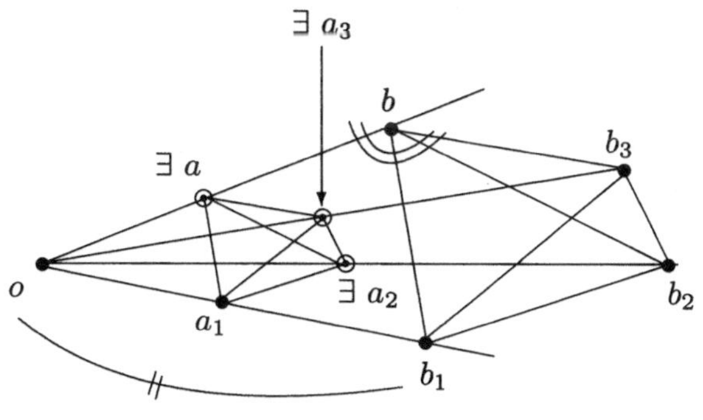

Abb. 65

Aus Bemerkung 5 und Anwendung 1 folgt

Korollar 3: *Jeder affine Raum, der (A_4), (B_2^4) und (BX) genügt, ist modulinduziert.*

Insbesondere ist jeder affine Raum, in dem (B_5^1) gilt, modulinduziert. Gemäß Anmerkung 10(e) ergibt sich nunmehr folgende Verschärfung von Anmerkung 7 betreffs des Hauptresultates von [Arnold 71b]):

Korollar 4: *Jeder affine Raum mit unendlicher Basis ist modulinduziert.*

Anhang: Beziehungen zu anderen geometrischen Strukturen

A.1 Zusammenhang mit der projektiven Verbandsgeometrie

Wir wollen an dieser Stelle noch kurz auf Querverbindungen zwischen affinen Räumen (bzw. affinen Geometrien) einerseits und projektiven Verbandsgeometrien andererseits eingehen. Hierbei setzen wir den Begriff einer *projektiven Verbandsgeometrie* im Sinne von [GrSch 92a] als bekannt voraus.

Bemerkung 6: Sei $\mathcal{A} = (P, \mathcal{G}, \|, \%)$ ein affiner Raum und o ein fester Punkt von $\mathcal{A}$; ferner bezeichne $\mathcal{V}_o$ das Büschel aller affinen Linearmengen von $\mathcal{A}$ durch o, $\bar{\mathcal{G}}_o$ das Linienbüschel von $\mathcal{A}$ durch o vereinigt mit $\{\{o\}\}$ und $\mathcal{G}_o^*$ das Büschel aller regulären Linien von $\mathcal{A}$ durch o, d.h.

$$\begin{aligned}\mathcal{V}_o &:= \{U \in \mathcal{V} \mid o \in U\},\\ \bar{\mathcal{G}}_o &:= \{p \vee o \mid p \subset P\} \quad \text{und}\\ \mathcal{G}_o^* &:= \{p \vee o \mid p \in P \text{ mit } p \% o\}.\end{aligned}$$

Dann bildet das Tripel

$$\mathrm{PG}(\mathcal{A}, o) := (\mathcal{V}_o, \bar{\mathcal{G}}_o, \mathcal{G}_o^*)$$

eine projektive Verbandsgeometrie.

Beweis: Offensichtlich bildet $\mathcal{V}_o$ einen algebraischen Verband, dessen kompakte Elemente genau aus denjenigen endlich erzeugten affinen Linearmengen von $\mathcal{A}$ bestehen, die o enthalten. Zu zeigen ist nun für $\mathrm{PG}(\mathcal{A}, o)$ die Gültigkeit der Axiome (E1), (E2), (E3) und (F1), (F2), (F3) aus [GrSch 92a]. Da nach Definition $\bar{\mathcal{G}}_o$ verbindungsdicht in $\mathcal{V}_o$ ist, folgt sofort (E1).

Nachweis von (E2): Seien $X, Y \in \mathcal{V}_o$ und $p \in X \vee Y$. Nach Satz 7 und dem Beweis von Satz 5 folgt $X \vee Y = \pi(X \mid Y)$; also existiert ein $x \in X$ mit $p \in \pi(x \mid Y)$. Aus $p \vee x \subseteq\!\| \, Y$ und $o \in Y$ ergibt sich $\pi(o \mid p \vee x) \subseteq Y$. Man wähle nun ein $y \in Y$ mit $\pi(o \mid p \vee x) = o \vee y$; d.h. $p \vee x \parallel o \vee y$ (Abb. 66). Zu zeigen bleibt, daß $o \vee p$, $o \vee x$ und $o \vee y$ *balanciert* sind im Sinne von [GrSch 92a]: es ist

$$\begin{aligned}p &\in \pi(x \mid o \vee y) \subseteq (o \vee x) \vee (o \vee y),\\ x &\in \pi(p \mid o \vee y) \subseteq (o \vee p) \vee (o \vee y) \quad \text{und}\\ y &\in \pi(o \mid p \vee x) \subseteq (o \vee p) \vee (o \vee x).\end{aligned}$$

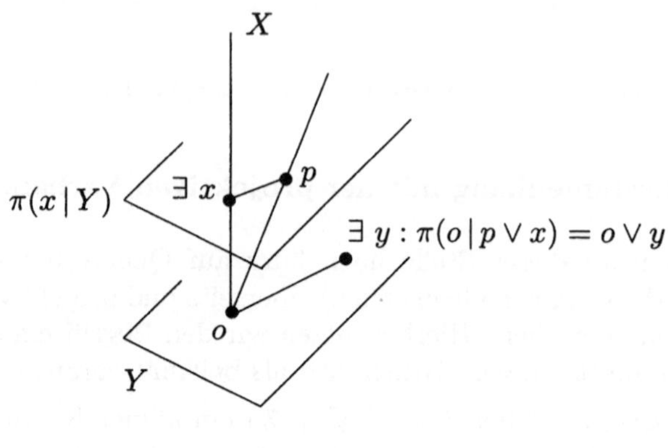

Abb. 66

Nachweis von (E3): Seien p, q beliebige Punkte aus $\mathcal{A}$; wähle dann $r \in P$ mit $o \vee p \parallel q \vee r$ (Abb. 67); wie oben folgt nun unmittelbar, daß $o \vee p$, $o \vee q$ und $o \vee r$ balanciert sind.

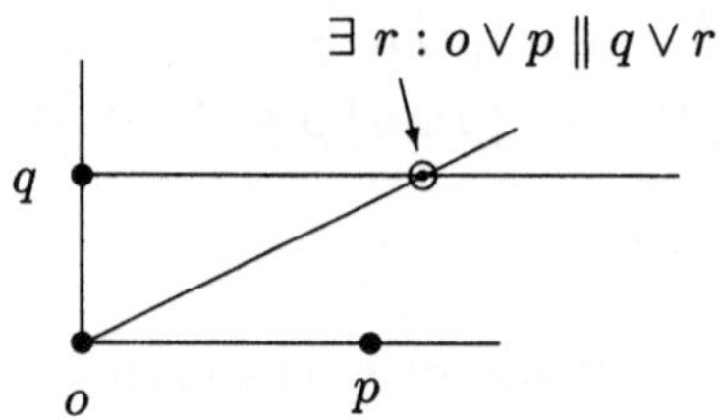

Abb. 67

Nachweis von (F1): Seien $p, q, r \in P$ gegeben mit $p \,\%\, o$, $p \vee o \,\#\, q \vee o$ und $(p \vee o) \vee (q \vee o) = (r \vee o) \vee (q \vee o)$; also ist p distant zu $q \vee o$ und

$$p \in (r \vee o) \vee (q \vee o) = \pi(r \vee o\,|\,q \vee o),$$

d.h. $p \in \pi(s\,|\,q \vee o)$ für ein $s \in r \vee o$ (Abb. 68); folglich ist s distant zu $q \vee o$ (da $\pi(p\,|\,q \vee o)$ distant zu $q \vee o$ und $s \in \pi(p\,|\,q \vee o)$) und $p \in (s \vee o) \vee (q \vee o)$. Wir erhalten somit $s \,\%\, o$, $s \vee o \,\#\, q \vee o$ und $(p \vee o) \vee (q \vee o) = (s \vee o) \vee (q \vee o)$.

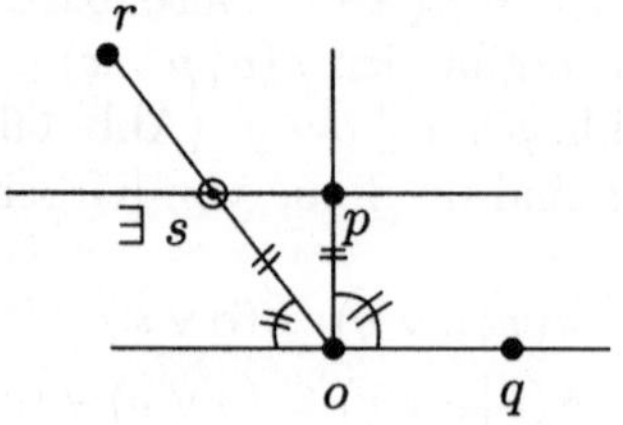

Abb. 68

Nachweis von (F2): Seien $p, q \in P$ gegeben mit $p \,\%\, o$ und $p \vee o \# q \vee o$. Nach (U1) existiert dann ein $r \in P$ mit $r \,\%\, q$ und $q \vee r \parallel p \vee o$ (Abb. 69). Also ist $q \vee r \# q \vee o$, und nach (U2) folgt $r \,\%\, o$ und $r \vee o \# q \vee o$; außerdem sind offensichtlich $p \vee o$, $q \vee o$ und $r \vee o$ balanciert.

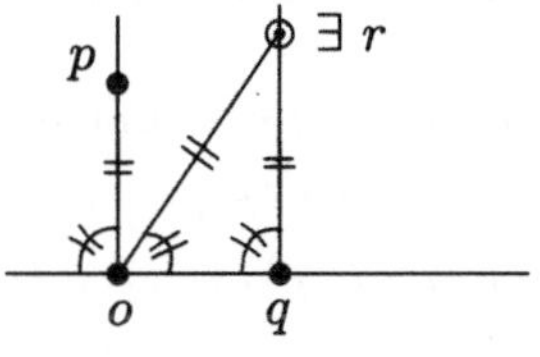

Abb. 69

Nachweis von (F3): Seien $p, q \in P$ gegeben mit $p \,\%\, o$, $q \,\%\, o$ und $p \vee o \# q \vee o$. Nach Anmerkung 11 "SWS" bilden dann o, p, q ein reguläres Dreieck. Wähle nun $r \in P$ mit $o \vee p \parallel q \vee r$ (Abb. 70); ähnlich wie oben ersieht man nun unmittelbar, daß $p \vee o$, $q \vee o$ und $r \vee o$ *direkt balanciert* sind im Sinne von [GrSch 92a]. $\square$

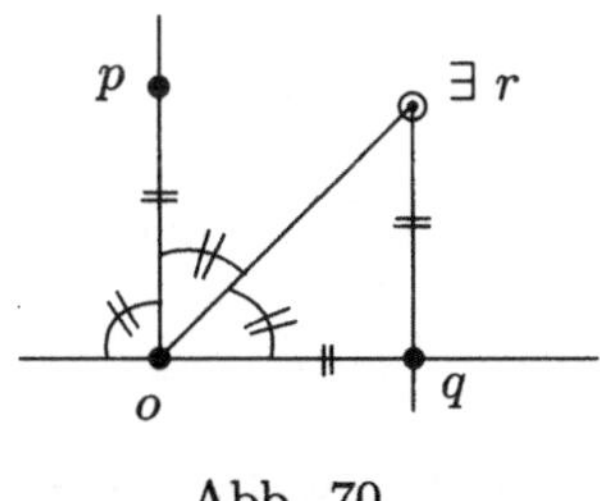

Abb. 70

Wir wollen jetzt erläutern, in welcher Weise jeder projektiven Verbandsgeometrie mit ausgezeichneter Hyperebene eine affine Geometrie bzw. ein affiner Raum zugeordnet ist.

Bemerkung 7: Sei $G := (L, E, F)$ eine projektive Verbandgeometrie und h eine Hyperebene von G (vgl. [GrSch 92a]); für Elemente x, y aus L bezeichne hier stets $x + y$ ihr Supremum und xy ihr Infimum in L.

Dann bildet (Λ, h) für

$$\Lambda := \{x \in L \mid x + h = 1 \text{ oder } x \leq h\}$$

(zusammen mit der von L induzierten Ordnung) einen P-Verband, dessen zugehöriger π-Verband $(\mathtt{V}, \parallel)$ ein affiner Verband ist; außerdem wird auf der Menge P der Komplemente von h in L kanonisch eine *Unabhängigkeitsrelation* definiert vermittels

$$\% := \{(p, q) \mid p, q \in P \text{ mit } pq = 0\}$$

(d.h. für Elemente $p, q \in P$ gilt $p \% q$ genau dann, wenn p und q in L unabhängig sind, also in L Schnitt 0 haben); das Tripel $\mathrm{AG}(G, h) := (\mathtt{V}, \|, \%)$ nennen wir dann die *affine Geometrie von G bzgl. h.*

Der zu $\mathrm{AG}(G, h)$ gehörige affine Raum heiße der *affine Raum von G bzgl. h* und werde mit $\mathcal{A}(G, h)$ bezeichnet; also ist $\mathcal{A}(G, h) = (P, \mathcal{G}, \|_{\mathcal{G}}, \%)$, wobei

$$\begin{aligned} \mathcal{G}^* &:= \{p + q \mid p, q \in P \text{ mit } p \neq q\}, \\ \mathcal{G} &:= \{P(x) \mid x \in \mathcal{G}^*\} \quad \text{und} \\ \|_{\mathcal{G}} &:= \{(P(x), P(y)) \mid x, y \in \mathcal{G}^* \text{ mit } xh = yh\}. \end{aligned}$$

Offensichtlich ist $\mathrm{AG}(G, h)$ kanonisch isomorph zur Vervollständigung von $\mathcal{A}(G, h)$ gemäß §6, und es zeigt sich, daß Elemente x, y aus $\mathtt{V}\backslash\{0\}$ *unabhängig* voneinander sind im Sinne von S. 70 genau dann, wenn $xy = 0$ gilt.

Der leichte Beweis dieser Bemerkung sei dem Leser überlassen. □

Zur eben gemachten Bemerkung stellen wir noch ergänzend fest, daß für jedes Atom p aus $\mathtt{V}$ der Verband

$$\mathtt{V}_p := L/p := \{x \in L \mid x \geq p\}$$

arguesisch ist (vgl. Anmerkung 4(b)); wegen der Isomorphie

$$L/p \to L(h) := \{y \in L \mid y \leq h\}, \quad x \mapsto xh$$

folgt also, daß $L(h)$ arguesisch ist für jede Hyperebene h von G.

Isomorphe "Kopien" von $\mathcal{A}(G, h)$ bzw. $\mathrm{AG}(G, h)$ – für beliebige projektive Verbandsgeometrien G mit ausgezeichneter Hyperebene h – nennen wir *projektiv einbettbare* affine Räume bzw. affine Geometrien.

Wir listen nun noch einige zum Teil tieferliegende Aussagen über affine und projektive Geometrien (unter Verzicht auf detaillierte Beweise) auf.

Mitteilungen:

(a) Unter Verwendung von [DayPi 83] und [Gref 91] läßt sich folgendes herleiten: Ein affiner Raum (bzw. eine affine Geometrie) der Dimension ≥ 2 ist genau dann projektiv einbettbar in eine arguesische[31] projektive Verbandsgeometrie, falls der affine Raum (bzw. die affine Geometrie) modulinduziert ist (vgl. hierzu [Schmidt 93d] und auch [Gref 94]).

---

[31] D.h. der zugrundeliegende Verband ist arguesisch.

(b) Sei $\mathbb{A} = (\mathtt{V}, \|, \%)$ eine *affine Geometrie*, d.h. $(\mathtt{V}, \|)$ ist ein affiner Verband und $\%$ ist eine Unabhängigkeitsrelation auf dem zugehörigen affinen Liniensystem. Eine *Hyperebene* von $\mathbb{A}$ ist erklärt als Element u von $\mathtt{V}$, für das ein Atom p in $\mathtt{V}$ mit $p \% u$ und $p \vee u = 1$ existiert (vgl. S. 70); ferner ist für $x \in \mathtt{V}$ die *(affine) Untergeometrie* $\mathbb{A}(x)$ *von* x *in* $\mathbb{A}$ definiert als die kanonische Einschränkung von $\mathbb{A}$ auf $\mathtt{V}(x)$.

Für jedes Atom o von $\mathbb{A}$ bildet $\mathrm{PG}(\mathbb{A}, o) := (L, E, F)$ mit

$$\begin{aligned} L &:= \mathtt{V}_o, \\ E &:= \{p \vee o \mid p \text{ ist Atom von } \mathtt{V}\} \quad \text{und} \\ F &:= \{p \vee o \mid p \text{ ist Atom von } \mathtt{V} \text{ mit } p \% o\} \end{aligned}$$

eine arguesische projektive Verbandsgeometrie (vgl. Bemerkung 6 und Anmerkung 4(b)).

Ist in $\mathbb{A}$ nun eine Hyperebene u gegeben, die ein Atom o enthält, so gilt für jedes zu u distante Atom o' aus $\mathbb{A}$ und $u' := \pi(o' \mid u)$:

$$\mathbb{A}(u) \simeq \mathbb{A}(u')$$

vermöge der Zuordnung $x \mapsto u' \wedge \pi(x \mid o \vee o')$ (Abb. 71).

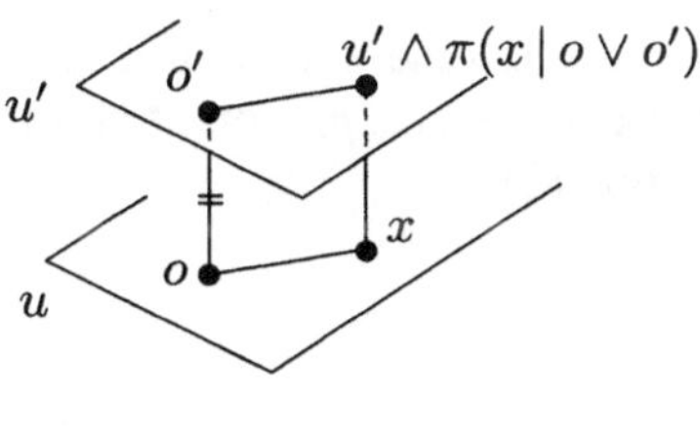

Abb. 71

Außerdem gilt

$$\mathbb{A}(u') \simeq \mathrm{AG}(\mathrm{PG}(\mathbb{A}, o), u)$$

vermöge der Zuordnung $x \mapsto x \vee o$ (mit der Umkehrabbildung von $\mathrm{AG}(\mathrm{PG}(\mathbb{A}, o), u)$ nach $\mathbb{A}(u')$ vermöge der Zuordnung $y \mapsto u' \vee y$) – vgl. Abb. 72. Folglich ist $\mathbb{A}(u)$ projektiv einbettbar in $\mathrm{PG}(\mathbb{A}, o)$.

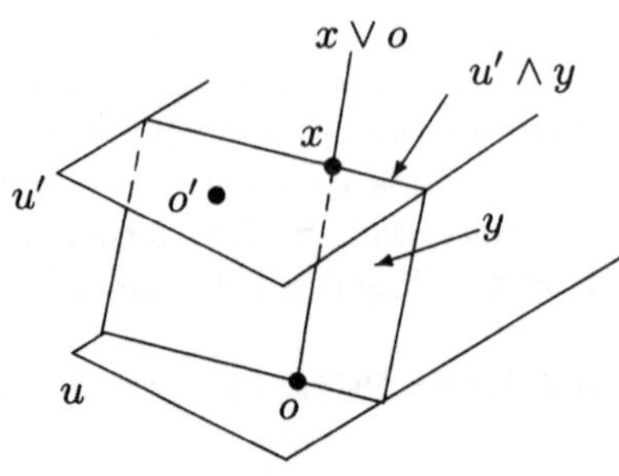

Abb. 72

(c) In einer beliebigen affinen Geometrie ist die Untergeometrie jeder Hyperebene n-arguesisch für alle $n \in \mathbb{N}$, $n \geq 2$; darüberhinaus ist in einer affinen Geometrie die Untergeometrie jeder mindestens 2-dimensionalen Hyperebene bereits modulinduziert (dies folgt beispielsweise aus (a) und (b)). In [KrSch 94] konnte ferner gezeigt werden, daß eine Hyperebene immer dann modulinduziert ist, wenn sie (B_2^2) genügt.

(d) Zusammen mit [GrSch 92a] erhält man aus dem Beweis von Lemma 4.3 in [Falt 75] für beliebige projektive Verbandsgeometrien G und G' mit ausgezeichneten Hyperebenen h in G und h' in G': Gilt (S_2) – siehe unten – in $\mathcal{A}(G,h)$ und $\mathcal{A}(G',h')$, so läßt sich jede affine Kollineation von $\mathcal{A}(G,h)$ nach $\mathcal{A}(G',h')$ auf genau eine Weise zu einem Isomorphismus von G nach G' fortsetzen (vgl. hierzu auch Satz 3.6 in [Gref 94]).

Für jeden affinen Raum $\mathcal{A}$ und für jede natürliche Zahl n bedeute

(S_n) $\mathcal{A}$ enthält mindestens eine Linie, und ist l eine beliebige Linie aus $\mathcal{A}$, so existiert zu Punkten $p_1, \ldots, p_n$ von $\mathcal{A}$ stets ein zu $p_1 \vee l, \ldots, p_n \vee l$ distanter Punkt in $\mathcal{A}$ (Abb. 73).

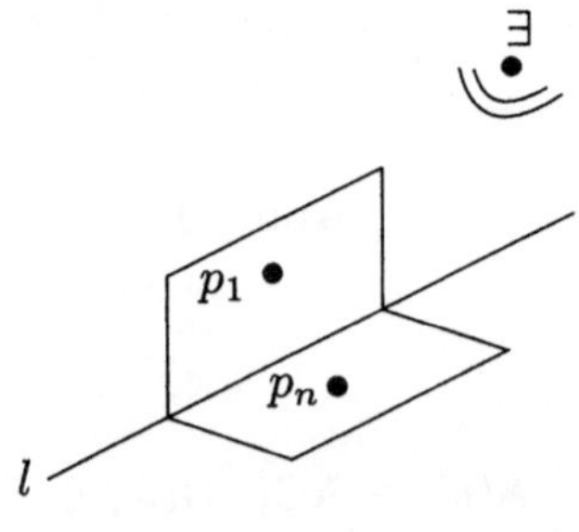

Abb. 73

Offensichtlich gilt $(\mathrm{BX}) \Rightarrow (\mathrm{S}_2)$ und außerdem $(\mathrm{B}_3^n) \Rightarrow (\mathrm{S}_n) \Rightarrow (\mathrm{A}_{n+1}), (\mathrm{B}_2^{n+1})$.

(e) Aus (d) folgt zusammen mit Korollar 3 bzw. Korollar 2: Eine projektive Verbandsgeometrie G mit ausgezeichneter Hyperebene h ist modulinduziert, falls (A_4), (B_2^4) und (BX) in $\mathcal{A}(G,h)$ gelten oder $\mathcal{A}(G,h)$ 4-arguesisch ist und (S_3) erfüllt (vgl. auch Korollar 3.7 in [Gref 94]).

(f) In [SchStei 94] wird mitgeteilt (und im ebenen Fall bewiesen), daß die modulinduzierten affinen Räume innerhalb der Klasse aller affinen Räume von Dimension ≥ 2 endlich axiomatisierbar sind.

A.2 Zusammenhang mit Leißners Zugang zur affinen Geometrie

Wir werden jetzt sehen, wie sich in einem affinen Raum mit Basis gewisse "partielle affine Räume" als Teilstrukturen definieren lassen. Diese Teilstrukturen stehen in enger Beziehung zu den insbesondere von W. Leißner und F. Radó untersuchten affinen Strukturen (vgl. [Leiß 75] bis [Leiß 87], [Radó 79] und [Radó 80], [LeSeWo 85], [Veld 92] und [Veld 95]).

Sei $\mathcal{A} := (\mathcal{P}, \mathcal{G}, \|, \%)$ ein affiner Raum, der eine Basis der Mächtigkeit $n \geq 3$ besitze. Unter einem *n-Basissystem* von $\mathcal{A}$ verstehen wir dann ein nichtleeres System β von Basen von $\mathcal{A}$, welches folgenden drei Bedingungen genügt:

(BS1) Jeder Vertreter aus β hat die Mächtigkeit n.

(BS2) Zu $B \in \beta$, $o, p \in B$ und $o' \in P$ existieren stets $p' \in P$ und $B' \in \beta$ mit $o', p' \in B'$ und $o' \vee p' \parallel o \vee p$ (Abb. 74).

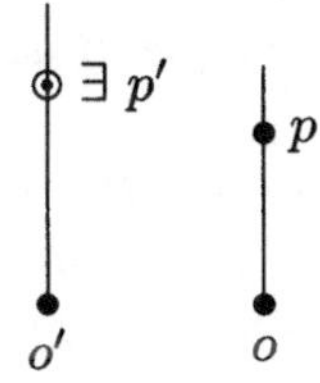

Abb. 74

(BS3) Für $B \in \beta$, paarweise verschiedene Punkte $o, p, q \in B$ und $p' \in \pi(p \,|\, o \vee q)$ ist stets $(B \backslash \{p\}) \cup \{p'\} \in \beta$ (Abb. 75).

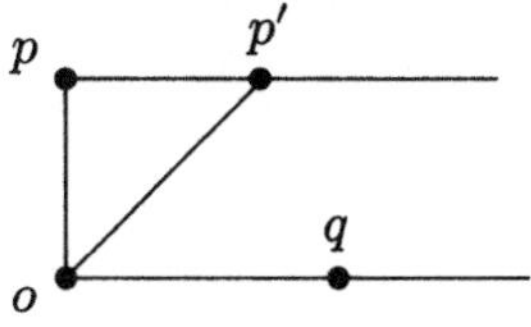

Abb. 75

Zu $\mathcal{A}$ und β gehört dann die *affine Barbilianstruktur* $\mathcal{A}_\beta := (P, \mathcal{G}_\beta, \|_\beta, \%_\beta)$ mit

$$\begin{aligned} \%_\beta &:= \{(p,q) \in P \times P \mid p \neq q \text{ und } p,q \in B \text{ für ein } B \in \beta\}, \\ \mathcal{G}_\beta &:= \{p \vee q \mid p,q \in P \text{ mit } p \%_\beta q\} \quad \text{und} \\ \|_\beta &:= \| \cap \mathcal{G}_\beta \times \mathcal{G}_\beta. \end{aligned}$$

Ist β ein 3-Basissystem, so heiße die affine Barbilianstruktur $\mathcal{A}_\beta$ *planar*; in diesem Fall bildet $\mathcal{A}_\beta$ in der Tat eine "planar affine Barbilian structure" im Sinne von [Radó 80]. Im Falle eines beliebigen affinen Raumes $\mathcal{A}$ mit n-Basissystem β (wobei n auch als unendliche Kardinalzahl vorausgesetzt werden darf) bildet $\mathcal{A}_\beta$ einen "generalized affine space" im Sinne von [LeSeWo 85].

Zur Existenz von n-Basissystemen merken wir an:

Feststellung: Besitzt ein affiner Raum $\mathcal{A}$ eine Basis der Mächtigkeit $n \geq 3$, so bildet in $\mathcal{A}$ das System aller Basen der Mächtigkeit n stets ein n-Basissystem.

Begründung: Nachzuweisen sind (BS2) und (BS3). Um (BS2) nachzuprüfen, sei in $\mathcal{A}$ eine Basis B der Mächtigkeit n und ein Punkt o aus B vorgegeben; ferner sei o' ein beliebiger Punkt aus $\mathcal{A}$. Nach (U1) existiert dann zu jedem $p \in B$ ein zu o' unabhängiger Punkt p' aus $\mathcal{A}$, der $o' \vee p' \parallel o \vee p$ erfüllt. Man sieht nun leicht, daß $B' := \{p' \mid p \in B\}$ eine Basis von $\mathcal{A}$ ist, und damit ist (BS2) gezeigt. (BS3) ergibt sich unmittelbar aus Bemerkung 3(b). □

Anwendung 2: *Sei $\mathcal{A}$ ein affiner Raum, der eine m-elementige Basis (für eine natürliche Zahl $m \geq 3$) besitzt; ferner sei β das System aller m-elementigen Basen von $\mathcal{A}$. Dann gilt:*

(a) *Ist $m = 3$, so folgt aus (d_5) und (D_3) bereits, daß die planare affine Barbilianstruktur $\mathcal{A}_\beta$ modulinduziert ist (vgl. thm. 6 in [Radó 80]).*

(b) *$\mathcal{A}_\beta$ ist immer dann modulinduziert (für beliebiges $m \geq 3$), wenn (d_n) in $\mathcal{A}$ für alle natürlichen Zahlen $n \geq 2$ gilt und die Menge der o-Streckungen für einen Punkt o aus $\mathcal{A}$ maximal transitiv auf $\mathcal{A}$ ist (vgl. thm. 6.3 in [LeSeWo 85]).*

Literaturverzeichnis

[André 54] J. André: Über nicht–desarguessche Ebenen mit transitiver Translationsgruppe. *Math. Z.* **60** (1954), 156–186.

[André 61] J. André: Über Parallelstrukturen I/II. *Math. Z.* **76** (1961), 85–102, 155–163.

[André 72] J. André: Über verallgemeinerte Translationsstrukturen und Homomorphismen. *Arch. Math.* **23** (1972), 198–205.

[ArHaMa 74] N. Armentrout, F.L. Hardy, C.J. Maxson: On generalized affine planes. *J. Geom.* **4** (1974), 143–159.

[Arnold 67] H.-J. Arnold: Über Fernräume schwach affiner Räume. *Abh. Math. Sem. Univ. Hamburg* **30** (1967), 75–105.

[Arnold 71a] H.-J. Arnold: A way to the geometry of rings. *J. Geometry* **1** (1971), 155–168.

[Arnold 71b] H.-J. Arnold: Die Geometrie der Ringe im Rahmen allgemeiner affiner Strukturen. *Hamburger Math. Einzelschriften* **4**, Vandenhoeck & Ruprecht, Göttingen 1971.

[Arnold 74] H.-J. Arnold: Der projektive Abschluß affiner Geometrien mit Hilfe relationentheoretischer Methoden. *Math. Sem. Univ. Hamburg* **40** (1974), 197–214.

[Arnold 77] H.-J. Arnold: Algebraisierung affiner und projektiver Strukturen. In: *Beiträge zur geometrischen Algebra* (Duisburg 1976); Birkhäuser, Basel (1977), 25–29.

[Arnold 84] H.-J. Arnold: Fernraumverbände schwach affiner Geometrien. *Mitt. Math. Sem. Gießen* **163** (1984), 83–102.

[Arnold 87] H.-J. Arnold: Affine Relative. *Result. Math.* **12** (1987).

[Artin 40] E. Artin: Coordinates in Affine Geometry. *Reports of a Math. Colloquium. Univ. of Notre Dame (2)* **2** (1940), 15–20.

[Artin 57] E. Artin: *Geometric algebra.* Interscience Publishers, New York, London 1957.

[Art 68] B. Artmann: On coordinates in modular lattices with a homogeneous basis. *Illinois J. Math.* **12** (1968), 626–648.

[Art 70] B. Artmann: Über die Einbettung uniformer affiner Hjelmslev–Ebenen in projektive Hjelmslev–Ebenen. *Abh. Math. Sem. Univ. Hamburg* **34** (1970), 127–134.

[Bacon 74] P. Y. Bacon: On the extension of projectively uniform affine Hjelmslev–planes. *Abh. Math. Sem. Univ. Hamburg* **41** (1974), 185–189.

[Baer 42] R. Baer: A unified theory of projective spaces and finite abelian groups. *Trans. A.M.S.* **52** (1942), 283–343.

[Baer 52] R. Baer: *Linear algebra and projective geometry*. Academic Press, New York 1952.

[Baer 61a] R. Baer: Partitionen endlicher Gruppen. *Math. Z.* **75** (1961), 333–372.

[Baer 61b] R. Baer: Einfache Partitionen nicht–einfacher Gruppen. *Math. Z.* **77** (1961), 1–37.

[Baer 61c] R. Baer: Einfache Partitionen endlicher Gruppen mit nicht–trivialer Fittingscher Untergruppe. *Arch. Math.* **12** (1961), 81–89.

[Baer 62] R. Baer: Hjelmslevsche Geometrie. In: *Algebraical and Topological Found. of Geom.*, Proceedings of a Colloquium, Utrecht 1959; Pergamon Press, Oxford etc. (1962), 1–4.

[Baer 63] R. Baer: Partitionen abelscher Gruppen, *Arch. Math.* **14** (1963), 73–83.

[Baker 78] C. A. Baker: Moulton affine Hjelmslev planes. *Canad. Math. Bull.* **21** (1978), 135–142.

[BaLaLo 88] C. A. Baker, N.D. Lane, J.W. Lorimer: A construction for topological non–Desarguesian affine Hjelmslev planes. *Arch. Math.* **50** (1988), 83–92.

[BaLaLo 90] C. A. Baker, N.D. Lane, J.W. Lorimer: An affine characterization of Moufang projective Klingenberg planes. *Result. Math.* **17** (1990), 27–36.

[Barb 41] D. Barbilian: Zur Axiomatik der projektiven ebenen Ringgeometrien. *I./II. Jahresbericht des Deutsch. Math.-Vereins* **50/51** (1940/41).

[Bass 68] H. Bass: *Algebraic K-theory*. Benjamin, New York, 1968.

[BaStr 91] A. Barlotti, K. Strambach: Multigroups and the foundations of geometry. *Rendiconti del Cir. Mat. di Palermo* **II, 40** (1991), 5–68.

[Benn 83] M. K. Bennet: Affine geometry: a lattice characterization. *Proc. A.M.S.* **88** (1983), 21–26.

[Benz 63] W. Benz: Süßsche Gruppen in affinen Ebenen mit Nachbarelementen und allgemeineren Strukturen. *Abh. Math. Sem. Univ. Hamburg* **26** (1963), 83–101.

[Benz 66] W. Benz: Ω–Geometrie und Geometrie von Hjelmslev. *Math. Ann.* **164** (1966), 118–123.

[Benz 74] W. Benz: Ebene Geometrie über einem Ring. *Math. Nachr.* **59** (1974), 163–193.

[BiLo 88] T. Bisztriczky, J.W. Lorimer: Axiom systems for affine Klingenberg spaces. In: *Proc. Conf. Combinatorics '88* (Ravello, 1988); to appear.

[BiLo 91] T. Bisztriczky, J.W. Lorimer: On hyperplanes and free subspaces of affine Klingenberg spaces. Preprint, Univ. of Toronto 1991.

[Birk 35] G. Birkhoff: Combinatorial relations in projective geometries. *Ann. Math.* **36** (1935), 734–748.

[Birk 48] G. Birkhoff: Lattice theory. *A.M.S. Coll. Publ.* **25**, A.M.S., Providence 1948.

[Blum 61] L. M. Blumenthal: *A modern view of geometry.* W. H. Freeman, San Francisco 1961.

[BluMe 70] L. M. Blumenthal, K. Menger: *Studies in geometry.* W. H. Freeman, San Francisco 1970.

[BFDaTa 74] S. Bulman–Fleming, A. Day, W. Taylor: Regularity and modularity of congruences. *Alg. Univ.* **4** (1974), 58–60.

[Brehm 85] U. Brehm: Coordinatization of lattices. In: R. Kaya et al. (eds.): *Rings and geometry* (NATO Adv. Study Inst., Istanbul 1984); Reidel, Dordrecht (1985), 511–550.

[BrGrSch 95] U. Brehm, M. Greferath, S. E. Schmidt: Projective geometry on modular lattices. In: F. Buekenhout (ed.): *Handbook of incidence geometry*; North–Holland, Amsterdam 1995.

[Bruck 55] R. H. Bruck: Recent advances in the foundations of euclidean plane geometry, *Amer. Math. Monthly* **62** (7 supp.) (1955), 2–17.

[Buek 95] F. Buekenhout (editor): *Handbook of incidence geometry.* North–Holland, Amsterdam 1995.

[Cohn 65] P. M. Cohn: *Universal algebra.* Harper and Row, New York 1965.

[Cohn 85] P. M. Cohn: *Free rings and their relations.* Second Edition, Academic Press, London 1985.

[Cox 63] H. S. M. Coxeter: *Unvergängliche Geometrie.* Birkhäuser, Basel 1963.

[CrawDil 73] P. Crawley, R. P. Dilworth: *Algebraic theory of lattices.* Prentice Hall, Englewood Cliffs 1973.

[CraRo 70] H. H. Crapo, G.–C. Rota: *Combinatorial geometries.* MIT Press, Cambridge 1970.

[Csák 70] B. Csákány: Characterization of regular varieties. *Acta Sci. Math. Szeged* **31** (1970), 187–189.

[Csák 75] B. Csákány: Varieties of modules and affine modules. *Acta Math. Acad. Sci. Hung.* **26** (1975), 263–266.

[Day 69] A. Day: A characterization of modularity for congruence lattices of algebras. *Canad. Math. Bull.* **12** (1969), 167–173.

[Day 82] A. Day: Geometrical application in modular lattices. In: R.S. Freese, O.C. Garcia (eds.): Universal Algebra and Lattice Theory, Proceedings, Puebla, 1982; *Springer Lecture Notes in Math.* **1004**, 111–141.

[DayPi 83] A. Day, D. Pickering: The coordinatization of Arguesian lattices. *Trans. A.M.S.* **278** (vol.2) (1983), 507–522.

[Dem 68] P. Dembowski: Finite Geometries. *Ergeb. Math.* **44**. Springer, Berlin 1968.

[Dorn 74] G. Dorn: Affine Geometrie über Matrizenringen. *Mitt. Math. Sem. Gießen* **109** (1974), 1–120.

[Drake 68] D. A. Drake: Projective extensions of uniform affine Hjelmslev planes. *Math. Z.* **105** (1968), 196–207.

[Drake 71] D. A. Drake: The translation groups of n–uniform Hjelmslev planes. *Pacific J. Math.* **38** (1971), 365–376.

[Drake 73] D. A. Drake: The structure of n–uniform translation Hjelmslev planes. *Trans. A.M.S.* **175** (1973), 249–282.

[Drake 74] D. A. Drake: Near affine Hjelmslev planes. *J. Combin. Theory Ser. A* **16** (1974), 34–50.

[Drake 75] D. A. Drake: Affine Hjelmslev–Ebenen mit verfeinerten Nachbarschaften. *Math. Z.* **143** (1975), 15–26.

[Dugas 80] M. Dugas: Der Zusammenhang zwischen Hjelmslev–Ebenen und H–Verbänden. *Mitt. Math. Ges. (Hamburg)* **10**, nr.8 (1980), 709–749.

[Emel 73] E. P. Emel'chenkov: Translation AH–planes and H–ternaries. *Smolensk. Gos. Ped. Inst. Uchen. Zap.* **4** (1973), 74–83. (Russisch)

[Emel 74] E. P. Emel'chenkov: Affine translation H–planes. *Smolensk* 1974, 11 ff. (Russisch)

[Encl 86] N. White (ed.): Theory of Matroids. *Encyclopedia of Mathematics*, G.–C. Rota (ed.), **26**. Cambridge University press, Cambridge 1986.

[Encl 87] N. White (ed.): Combinatorial Geometries. *Encyclopedia of Mathematics*, G.–C. Rota (ed.), **29**. Cambridge University press, Cambridge 1987.

[Ev 42] C. J. Everett: Affine geometry of vector spaces over rings. *Duke Math. J.* **9** (1942), 873–878.

[FaHe 81] U. Faigle, C. Herrmann: Projective geometry on partially ordered sets. *Trans. A.M.S.* **266** (1981), 319–332.

[Falt 75] K. Faltings: Modulare Verbände mit Punktsystem. *Geom. Dedicata* **4** (1975), 105–137.

[Faul 89] J. R. Faulkner: Barbilian planes. *Geom. Dedicata* **30** (1989), 125–181.

[FrJo 77] G. A. Freese, B. Jónsson: Congruence modularity implies the Arguesian identity. *Alg. Univ.* **7** (1977), 191–194.

[FrMcK 87] R. Freese, R. McKenzie: *Commutator theory for congruence modular varieties.* Cambridge University Press, Cambridge 1987.

[GräSch 63] G. Grätzer, E. T. Schmidt: Characterizations of congruence lattices of abstract algebras. *Acta Sci. Math. Szeged* **24** (1963), 34–59.

[Gref 91] M. Greferath: Zur Hyperebenenalgebraisierung in desarguesschen projektiven Verbandsgeometrien. *J. Geom.* **42** (1991), 100–108.

[Gref 93] M. Greferath: Global–affine morphisms of projective lattice geometries. *Result. Math.* **24** (1993), 76–83.

[Gref 94] M. Greferath: Zur Strukturtheorie der projektiven Verbandsgeometrie (Dissertation). *Mitt. Math. Sem. Gießen* **217** (1994).

[GrSch 92a] M. Greferath, S. E. Schmidt: A unified approach to projective lattice geometries. *Geom. Dedicata* **43** (1992), 243–264.

[GrSch 92b] M. Greferath, S. E. Schmidt: On Barbilian spaces in projective lattice geometries. *Geom. Dedicata* **43** (1992), 337–349.

[GrSch 94a] M. Greferath, S. E. Schmidt: On point–irreducible projective geometries. *J. Geom.* **50** (1994), 73–83.

[GrSch 94b] M. Greferath, S. E. Schmidt: On stable geometries. *Geom. Dedicata* **51** (1994), 181–199.

[GroVa 80] V. Groze, A. Vasiu: Affine structures over an arbitary ring. *Studia Univ. Babeş–Bolyai Math.* **25** (1980), 28–31.

[Grün 06] J. Grünwald: Über duale Zahlen und ihre Anwendung in der Geometrie. *Monatsh. Math. und Physik* **17** (1906), 81–136.

[Gumm 79] H. P. Gumm: Algebras in permutable varieties: Geometrical properties of affine algebras. *Alg. Univ.* **9** (1979), 8–34

[Gumm 80] H. P. Gumm: The little Desarguesian theorem for modular varieties. *Proc. A.M.S.* **80** (1980), 393–397.

[Gumm 83] H. P. Gumm: Geometrical methods in congruence modular algebras. *Memoirs A.M.S.* **45**, A.M.S., Providence 1983.

[Hagem 73] J. Hagemann: On regular and weakly regular congruences. Preprint 1973.

[Hai 91] M. Haiman: Arguesian lattices which are not type 1. *Alg. Univ.* **28** (1991), 128–137.

[Hall 43] M. Hall: Projective planes. *Trans. A.M.S.* **54** (1943), 229–277.

[Herz 77] A. Herzer: Halbprojektive Translationsgeometrien, *Mitt. Math. Sem. Gießen* **127** (1977).

[Herz 79] A. Herzer: Translationsstrukturen, die weder axial noch zentral sind. *Geom. Dedicata* **8** (1979), 163–178.

[Herz 88] A. Herzer: Construction of some planar translation spaces. *Ann. Discrete Math.* **37** (1988) 209–216.

[Hesse 30] G. Hessenberg: *Grundlagen der Geometrie.* Hrsg. von W. Schwan. Walter de Gruyter, Berlin und Leipzig, 1930.

[Hilb 1899] D. Hilbert: Grundlagen der Geometrie. *Festschrift zur Feier der Enthüllung des Gauß–Weber–Denkmals in Göttingen*, Teubner, Leipzig, 1899.

[Hjelm 22] J. Hjelmslev: Die natürliche Geometrie. Vier Vorträge. *Math. Sem. Univ. Hamburg*, 1922.

[Hjelm 29–49] J. Hjelmslev: Einleitung in die allgemeine Kongruenzlehre. *Danske Vid. Selsk., Mat–Fys. Medd.*, **8**, nr.11 (1929); **10**, nr.1 (1929); **19**, nr.12 (1942); **22**, nr.6 (1945); **22**, nr.13 (1945); **25**, nr.10 (1949).

[HoMcK 88] D. Hobby, R. McKenzie: The structure of finite algebras. *A.M.S. Contemporary Mathematics Series* **76**, A.M.S., Providence, 1988.

[Inaba 48] E. Inaba: On Primary Lattices. *J. Fac. Sci. Hokkaido Univ.* **11** (1948), 39–107.

[JóMo 69] B. Jónsson, G. Monk: Representations of primary Arguesian lattices. *Pac. J. Math.* **30** (vol.1) (1969), 95–139.

[Jóns 53] B. Jónsson: On the representation of lattices. *Math. Scand.* **1** (1953), 193–206.

[Jóns 54] B. Jónsson: Modular lattices and Desargues' theorem. *Math. Scand.* **2** (1954), 295–314.

[Jóns 59] B. Jónsson: A lattice–theoretic approach to projective and affine geometry. The axiomatic method (hrsg. von L. Henkin, P.Suppes, A.Tarski). *Studies in logic*, Amsterdam 1959, 188–203.

[Jóns 60] B. Jónsson: Representations of complemented modular lattices. *Trans. A.M.S.* **97** (1960), 64–94.

[Jóns 62] B. Jónsson: Representations of relatively complemented modular lattices. *Trans. A.M.S.* **103**, No. 2 (1962), 272–302.

[Jóns 76] B. Jónsson: Identities in congruence varieties. In: Lattice Theory (Proc. Coll. Szeged 1974); *Coll. Math. Soc. János Bolyai* **14** (1976), 195–205.

[Jóns 85] B. Jónsson: Arguesian lattices. In: *Proceedings of the 19th Nordic Congress of Math.*, Reykjavic, 1984; (1985), 78–108.

[Jung 77a] D. Jungnickel: Hjelmslev–Ebenen mit regulärer abelscher Kollineationsgruppe. In: *Beiträge zur geometrischen Algebra,* Duisburg 1976; Birkhäuser, Basel (1977), 157–165.

[Jung 77b] D. Jungnickel: Reguläre Klingenberg–Strukturen und Hjelmslev–Ebenen. *Habilitationsschrift, Freie Univ. Berlin,* 1977.

[JunSch 94] S. Junker, S. E. Schmidt: Messen von Abständen und Winkeln in der Geometrie der Wirklichkeit. Preprint 1994.

[JunSch 95] S. Junker, S. E. Schmidt: Fundamentalsatz für affine Räume über Moduln. Preprint 1995.

[KaaPix 87] K. Kaarli, A. F. Pixley: Affine complete varieties. *Alg. Univ.* **24** (1987), 74–90.

[Kant 74] W. Kantor: Dimension and embedding theorems for geometric lattices. *J. Comb. Thy. Ser. A* **17** (1974), 173–195.

[KaKrS 73] H. Karzel, H.–J. Kroll, K. Sörensen: Invariante Gruppenpartitionen und Doppelräume. *J. Reine Angew. Math.* **262/263** (1973), 153–157.

[Karz 65] H. Karzel: Zweiseitige Inzidenzgruppen, *Abh. Math. Sem. Univ. Hamburg* **29** (1965), 118–136.

[KaSöWi 73] H. Karzel, K. Sörensen, D. Windelberg: *Einführung in die Geometrie*, UTB Vandenhoeck, Göttingen 1973.

[Klein 26] F. Klein: Vorlesungen über höhere Geometrie. Dritte Auflage. Bearbeitet und herausgegeben von W. Blaschke, *Grundlehren der mathematischen Wissenschaften* **22**. Springer, Berlin 1926.

[Kling 52] W. Klingenberg: Beziehungen zwischen einigen affinen Schließungssätzen. *Abh. Math. Sem. Univ. Hamburg* **18** (1952), 120–143.

[Kling 54] W. Klingenberg: Projektive und affine Ebenen mit Nachbarelementen. *Math. Z.* **60** (1954), 384–406.

[Kling 55] W. Klingenberg: Beweis des Desarguesschen Satzes aus der Reidemeisterfigur und verwandte Sätze. *Abh. Math. Sem. Univ. Hamburg* **19** (1955), 158–175.

[Kling 56] W. Klingenberg: Projektive Geometrien mit Homomorphismus. *Math. Ann.* **132** (1956), 180–200.

[KrSch 94] E. Kreis, S. E. Schmidt: Darstellungen von Hyperebenen in verallgemeinerten affinen Räumen durch Moduln. *Result. Math.* **26** (1994), 39–50.

[Kreu 88] A. Kreuzer: *Projektive Hjelmslev–Räume.* (Dissertation) Technische Universität München (1988).

[Kung 86] J. P. S. Kung: *A source book in matroid theory.* Birkhäuser, Boston 1986.

[Leiß 75] W. Leißner: Affine Barbilian–Ebenen I/II. *J. Geom.* **6** (1975), 31–57, 105–129.

[Leiß 76] W. Leißner: Parallelodromie–Ebenen. *J. Geom.* **8** (1976), 117–135.

[Leiß 77] W. Leißner: Barbilianbereiche. In: *Beiträge zur geometrischen Algebra,* Duisburg 1976; Birkhäuser, Basel (1977), 219–224.

[Leiß 87] W. Leißner: On classifying affine Barbilian spaces. *Result. Math.* **12** (1987), 157–165.

[Lenz 54] H. Lenz: Zur Begründung der analytischen Geometrie, *Sitzber. Bayer. Akad. Wiss., Math.-Naturw. Klasse* (1954), 17–72.

[Lenz 65] H. Lenz: *Vorlesungen über projektive Geometrie.* Teubner, Leipzig 1965.

[LeSeWo 85] W. Leißner, R. Severin, K. Wolf: Affine geometry over free unitary modules. *J. Geom.* **25** (1985), 101–120.

[LevSch 95] V. Levigion, S. E. Schmidt: A geometric approach to generalized matroid lattices. Erscheint demnächst in: *Tagungsband der 4. Konferenz über Diskrete Mathematik, Potsdam 1993.*

[Ling 69] R. Lingenberg: *Grundlagen der Geometrie.* B.I., Mannheim 1969.

[Lor 88] J. W. Lorimer: Affine Hjelmslev rings and planes. *Ann. Discrete Math.* **37** (1988), 265–276.

[Lück 70] H. H. Lück: Projektive Hjelmslevräume. *J. Reine Angew. Math.* **243** (1970), 121–158.

[Lün 62] H. Lüneburg: Affine Hjelmslev–Ebenen mit transitiver Translationsgruppe. *Math. Z.* **79** (1962), 260–288.

[Lün 80] H. Lüneburg: *Translation planes.* Springer, Heidelberg 1980.

[Mach 78] F. Machala: Affine Klingenbergsche Strukturen. *J. Geom.* **11** (1978), 16–34.

[Mach 79] F. Machala: Über projektive Erweiterungen affiner Klingenbergscher Ebenen. *Czechoslovak Math. J.* **29** (104), (1979), 116–129.

[Maeda 52] F. Maeda: Lattice theoretic characterization of abstract geometries. *J. Sci. Hiroshima Univ. Ser. A* **15** (1951/52), 87–96.

[Maeda 58] F. Maeda: Kontinuierliche Geometrien. *Grundlehren der math. Wissenschaften* **95**. Springer, Heidelberg 1958.

[MaMa 70] F. Maeda, S. Maeda: Theory of symmetric lattices. *Grundlehren der math. Wissenschaften* **173**. Springer, Heidelberg 1970.

[Malcev 54] A. I. Mal'cev: On the general theory of algebraic systems (Russisch). *Math. Sbornik* **35** (1954), 3–20.

[Meng 28] K. Menger: Bemerkungen zu Grundlagenfragen IV. *Jahresberichte der DMV* **37** (1928), 309–325.

[Meng 36] K. Menger: New foundations of projective and affine geometry. *Ann. Math.* **37** (1936), 456–482.

[Ore 42] O. Ore: Theory of equivalence relations. *Duke Math. J.* **9** (1942), 573–627.

[PálPud 80] P. P. Pálfy, P. Pudák: Congruence lattices of finite algebras and intervals in subgroup lattices of finite groups. *Alg. Univ.* **11** (1980), 22–87.

[PálSax 90] P. P. Pálfy, J. Saxl: Congruence lattices of finite algebras and factorizations of groups. *Comm. Alg.* **18 (9)** (1990), 2783–2790.

[Pasch 26] M. Pasch: Vorlesungen über neuere Geometrie. Zweite Auflage. Mit einem Anhang von M. Dehn: Die Grundlegung der Geometrie in historischer Entwicklung. *Grundlehren der math. Wissenschaften* **23**. Springer, Berlin 1926.

[Peter 1898] J. Petersen: Nouveau principe pour études de géometrie des droites. *Kgl. Danske Vid. Selsk. Forhandl.* (1898), 283–344.

[Pick 55] G. Pickert: Projektive Ebenen. *Grundlehren der math. Wissenschaften* **80**. Springer, Heidelberg 1955.

[Pix 63] A. F. Pixley: Distributivity and permutability of congruence relations in equational classes of algebras. *Proc. A.M.S.* **14** (1963), 105–109.

[PiBe 93] R. Piziak, M. K. Bennett: Lattice geometries, *Alg. Univ.* **30** (1993), 451–462.

[PrJa 79] W. Prenowitz, I. Jantosciak: *Join geometry*. Springer, Heidelberg 1979.

[PudTum 80] P. Pudlák, J. Tuma: Every finite lattice can be embedded in a finite partition lattice. *Alg. Univ.* **10** (1980), 74–95.

[Radó 79] F. Radó: Affine geometries and affine Barbilian structures. In: *Proc. Coll. Geometry and Topology (Romanian)* (Cluj–Napoca, 1978); Univ. "Babeş–Bolyai", Cluj–Napoca, (1979), 27–45.

[Radó 80] F. Radó: Affine Barbilian structures. *J. Geom.* **17** (1980), 75–102.

[Reide 29] K. Reidemeister: Topologische Fragen der Differentialgeometrie. V. Gewebe und Gruppen, *Math. Z.* **29** (1929), 427–435.

[Reide 30] K. Reidemeister: Grundlagen der Geometrie. *Grundlehren der math. Wissenschaften* **32**. Springer, Berlin 1930.

[Sasa 53] U. Sasaki: Lattice theoretic characterization of an affine geometry of arbitrary dimensions. *J. Sci. Hiroshima U. Ser. A.* **16** (1953), 223–238.

[SaFu 52] U. Sasaki, S. Fujiwara: The characterizations of partition lattices. *J. Sci. Hiroshima U. Ser. A.* **15** (1952), 189–201.

[Schm 69] E. T. Schmidt: Kongruenzrelationen algebraischer Strukturen. *Math. Forschungsber.* **25**. Berlin 1969.

[Schmi 53] J. Schmidt: Einige grundlegende Begriffe und Sätze aus der Theorie der Hüllenoperatoren. *Ber. Math. Tagung*, Berlin 1953, 21–48.

[Schmidt 87] S. E. Schmidt: Projektive Räume mit geordneter Punktmenge (Dissertation). *Mitt. Math. Sem. Gießen* **182** (1987).

[Schmidt 89] S. E. Schmidt: Spaces of type n on partially ordered sets. *Geom. Dedicata* **30** (1989), 115–124.

[Schmidt 91] S. E. Schmidt: Projective spaces on partially ordered sets and Desargues' postulate. *Geom. Dedicata* **37** (1991), 233–243.

[Schmidt 93a] S. E. Schmidt: A note on projective coordinate systems in modular lattices. *J. Geom.* **46** (1993), 174–176.

[Schmidt 93b] S. E. Schmidt: On meet-complements in Cohn geometries. *Result. Math.* **23** (1993), 163–176.

[Schmidt 93c] S. E. Schmidt: A lattice-geometric proof of Wedderburn's theorem. *Result. Math.* **23** (1993), 384–386.

[Schmidt 93d] S. E. Schmidt: On the algebraic representation of projectively embeddable affine geometries. Preprint 1993.

[Schmidt 93e] S. E. Schmidt: On prospects. In: K. Denecke und H. J. Vogel (eds.): *General algebra and applications;* Heldermann, Berlin (1993), 214–224.

[SchSpre 94] S. E. Schmidt, N. Sprenger: Lower parallelism on lattices. Preprint 1994.

[SchStei 94] S. E. Schmidt, R. Steinitz: The coordinatization of affine planes by rings. Preprint 1994.

[Schrö 79] E. M. Schröder: Modelle ebener metrischer Ringgeometrien. *Abh. Math. Sem. Univ. Hamburg* **48** (1979), 139–170.

[Schrö 91] E. M. Schröder: *Vorlesungen über Geometrie.* Bd 2. B.I. Mannheim 1991.

[Schulz 67] R. H. Schulz: Über Blockpläne mit transitiver Dilatationsgruppe. *Math. Z.* **98** (1967), 60–82.

[Schü 45] M. Schützenberger: Sur certains axiomes de la théorie des structures. *C. R. Acad. Sci. Paris* **221** (1945), 218–220.

[Segre 11] C. Segre: Le geometrie proiettive nei campi dei numeri duali. *Atti Accad. Sci. Torino* **47** (1911), 114–133, 164–185.

[Seier 74] W. Seier: Der kleine Satz von Desargues in affinen Hjelmslev–Ebenen. *Geom. Dedicata* **3** (1974), 215–219.

[Seier 75] W. Seier: Über Translationen in affinen Hjelmslev–Ebenen. *Abh. Math. Sem. Univ. Hamburg* **43** (1975), 224–228.

[Seier 81a] W. Seier: Streckungstransitive affine Hjelmslev–Ebenen. *Geom. Dedicata* **11** (1981), 329–336.

[Seier 81b] W. Seier: Die Quasitranslationen desarguesscher affiner Hjelmslev–Ebenen. *Math. Z.* **177** (1981),181–136.

[Seier 83] W. Seier: Eine Bemerkung zum großen Satz von Desargues in affinen Hjelmslev–Ebenen. *J. Geom.* **20** (1983), 181–191.

[Sper 60] E. Sperner: Affine Räume mit schwacher Inzidenz und zugehörige algebraische Strukturen. *J. Reine Angew. Math.* **204** (1960), 205–215.

[Sper 62] E. Sperner: Verallgemeinerte affine Räume und ihre algebraische Darstellung. In: *Algebraical and Topological Found. of Geom.*, Proceedings of a Colloquium, Utrecht 1959; Pergamon Press, Oxford etc. (1962), 167–171.

[Stram 81] K. Strambach: Geometry and loops. In: *Geometries and groups* (Proceedings, Berlin 1981); *Lecture Notes in Math.* **893**. Springer, Heidelberg 1981.

[Stu 03] E. Study: *Geometrie der Dynamen.* Teubner, Leipzig 1903.

[Tam 72] O. Tamaschke: *Projektive Geometrie II.* B.I. Mannheim 1972.

[Tö 74] G. Törner: Eine Klassifizierung von Hjelmslev–Ringen und Hjelmslev–Ebenen. *Mitt. Math. Sem. Gießen* **107** (1974)

[TöVe 91] G. Törner, F.D. Veldkamp: Literature on geometry over rings. *J. Geom.* **42** (1991), 180–200.

[Tuma 89] J. Tuma: Intervals in subgroup lattices of infinite groups. *J. Alg.* **125** (1989), 367–399.

[Vaser 71] L. N. Vaseršteĭn: Stable rank of rings and dimensionality of topological spaces. *Functional Anal. Appl.* **5** (1971), 102–110.

[VebYo 16] O. Veblen, J. W. Young: *Projective geometry*, vol. **1**. Ginn, New York (1916).

[Veld 81] F. D. Veldkamp: Projective planes over rings of stable rank 2. *Geom. Dedicata* **11** (1981), 285–308.

[Veld 87] F. D. Veldkamp: Projective Barbilian spaces, I/II. *Result. Math.* **12** (1987) 222–240, 434–449.

[Veld 92] F. D. Veldkamp: n–Barbilian domains. Preprint, Utrecht 1992.

[Veld 95] F. D. Veldkamp: Geometry over rings. In: F. Buekenhout (ed.): *Handbook of incidence geometry;* North Holland, Amsterdam 1995.

[vNeu 60] J. von Neumann: *Continuous geometry.* Princeton University Press, Princeton 1960.

[Welsh 76] D. J. A. Welsh: *Matriod theory.* Academic Press, New York 1976.

[Wer 71] H. Werner: Produkte von Kongruenzklassengeometrien universeller Algebren. *Math. Z.* **121** (1971), 111–140.

[Wer 76] H. Werner: Which partition lattices are congruence lattices? In: Lattice Theory (Proc. Coll. Szeged 1974); *Coll. Math. Soc. János Bolyai* **14** (1976), 111–140.

[WeWi 77] H. Werner, R. Wille: Über den projektiven Abschluß von Äquivalenzklassengeometrien. In: *Beiträge zur geometrischen Algebra,* Duisburg 1976; Birkhäuser, Basel (1977), 345–383.

[Whitman 46] P. Whitman: Lattices, equivalence relations, and subgroups. *Bull. A.M.S.* **52** (1946), 507–522.

[Whitney 35] H. Whitney: On the abstract properties of linear dependence. *Amer. J. Math.* **57** (1935), 509–533.

[Wille 67] R. Wille: Affine coordinatization of abstract geometries. *Canad. Math. Bull.* **10** (1967), 302–303.

[Wille 70] R. Wille: Kongruenzklassengeometrien. *Lecture Notes in Math.* **113**. Springer, Heidelberg 1970.

[Wille 71] R. Wille: On incidence geometries of grade n. In: *Atti del convegno die Geometrica Conbinatoria e sue Applicazioni*; Univ. of Perugia, 1971, 421–426.

Aussagenregister

Index